DEUTSCHE DEMOKRATISCHE REPUBLIK
DEUTSCHE AKADEMIE DER LANDWIRTSCHAFTSWISSENSCHAFTEN ZU BERLIN
INSTITUT FÜR LANDWIRTSCHAFTLICHE INFORMATION UND DOKUMENTATION

Landwirtschaftliches Zentralblatt

ABTEILUNG I

LANDTECHNIK

AUTORENREGISTER 1963

AKADEMIE-VERLAG · BERLIN

LZ. I LANDTECHNIK JG. 1963 · AUTORENREGISTER · BERLIN · SEPTEMBER 1964

LANDWIRTSCHAFTLICHES ZENTRALBLATT

AUTORENREGISTER

1963

LZ., Abt. Landtechnik

LANDWIRTSCHAFTLICHES ZENTRALBLATT

ABTEILUNG LANDTECHNIK

AUTORENREGISTER 1963

Seitenzahl in [ ] bedeutet ein Buch, [ ]* eine Buchbesprechung

Aas (K.), Heutrocknung in d. Scheune 61. – Luftverteilungssysteme für Heubelüftungsanlagen 737.

Åberg (E.) s. Buremalm (N.).

Abol' (P. I.) s. Kiščenko (T. I.).

Aboliņš (J. A.) u. **Ieviņš (I. K.),** Menge u. Verwertung d. in d. Lett. SSR anfallenden Schlagabraumes 371.

Abramovič (E. I.), Vervollkommnete Technologie u. Mechanisierung d. Waldarbeiten auf Sandböden Kasachstans 361.

Abrarov (I. Š.), Mechanisches Formen d. Holzbunde 979.

Abu-Gheida (O. M.), Stout (B. A.) u. **Ries (S. K.),** Pneumatische Baumobsternte durch Verwendung eines stoßweisen Luftstromes. Teil II. 1125.

Abyzov (E. I.) s. Bystrickij (D. N.).

Achapkin (A.) s. Gukin (V.).

Achart (J.), Tracteurs et machines agricoles [20].

Achorn (F. P.), Misch- u. Verladeanlagen 1234.

Acker, Fehler bei d. Unterdachtrocknung 737.

Acker (W.), Welche Fehler werden bei d. Unterdachtrocknung gemacht? 1088.

Ackermann (G.), Gestaltung v. Bauelementen im Landmaschinenbau 523.

Ackermann (K.), Der Architekt u. d. landwirtschaftliche Bauen 1168. – Hopfenhalle in Wolnzach, Obb. 518.

Adamovič (A. V.) s. Vzorov (B. A.).

Adams (R.), Zugkraft- u. Drehmomentmessungen an Schlepperanhängemaschinen 1218. – s. Bischof (A.).

Adelhelm (R.), Formen u. Wirtschaftlichkeit überbetrieblicher Maschinennutzung in d. Landwirtsch. 403.

Afrikantov (V.), Pferdewagen u. -geschirr in d. Volksrepublik China 155.

Agafonov (J.) s. Betin (S.).

Agena (M. U.), Was darf ich für eine hofeigene Getreidetrocknungsanlage investieren? 906.

Ager (B. H.), LKW-Transport auf d. Eise 483.

Aggert (B. A.) s. Kusov (T. T.).

Agulhon (R.) s. Audibert (M.).

Aigner (M.), Zustandsänderung d. Luft in Kühl- u. Lagerräumen u. ihre Darstellung im i-x-Diagramm 284.

Akesson (N.) s. Yates (W.).

– u. **Yates (W. E.),** Kosten für d. Ausbringung v. trockenem, losem Dünger mit Flugzeugen 1072.

Akodis (G. S.), Roškovskaja (N. P.) u. **Šitikov (M. G.),** Vorteile einer zentralen Energieversorgung d. Forstindustriebetriebe 469.

Akopjan (R.), Hydraulische Bürste für d. Reinigung d. Gewächshausdächer 771. – Automatische Regelung d. Lufttemperatur u. Luftfeuchtigkeit in Gewächshäusern 946.

Akopjan (R. A.), Mechanisierung u. Automatisierung d. Arbeiten in Gewächshäusern 351.

Albinus (G.), Küche u. Bad; zeitgemäß 123.

Albjakov (M. P.), Anhängegerät als Bodenlockerer u. Sävorrichtung „PST-2 A" 98.

– u. **Albjakova (E. V.),** Mechanisierung d. streifenweisen Reinigung d. Hiebsflächen 362.

Albjakova (E. V.) s. Albjakov (M. P.).

Albrecht (H. E.), Beitrag zur konstruktiven Auslegung v. Rübenköpfelementen 1256. – Hat d. Geräteträger noch Zukunft? 855.

Albrecht (H. J.), Stoffschneidemaschinen für Baumschulen 941.

Albrecht (K.), Fachkunde für Trakto-

ren- u. Landmaschinenschlosser. Spezielle Ausbildung [1223].
Albrecht (S.) s. Göhler (F.).
Albus (K.), Abwasserbeseitigung über d. landwirtschaftliche Nutzfläche, mit Hilfe d. Schwemmistverfahrens, begünstigt zeitgerechte Hygiene im landwirtschaftlichen Betrieb 922.
Aldhous (J. R.), Dunemann-Nadelstreubeete in Großbritannien 787.
Aldinger (A.), Einsatz eines Rotorschneiders in Auenmittelwaldungen 471.
Aleksandrov (N.) u. **Vasilew (K.),** Neue bulgarische Getreidemähmaschinen „ŽRP-*4,2*" u. „ŽRN-*3,6*" 563.
Allen (M. G.), Anwendung selektiver Herbizide mit Flugzeugen in d. Forstwirtschaft 1334.
Almér (H.), Feuerwache in Sollebrunn 118.
Almstadt (K. F.), Rationalisierung durch Projektierung 1170.
Alper (Y.) s. Zucker (A.).
Altemüller (H.-J.) s. Frese (H.).
Amphoux (M.) s. Audibert (M.).
Amsden (R. C.), Verminderung d. Verdunstung v. Spritztropfen 1162.
Andersson (A.), Kombinierte Geräte für Rückearbeit mit Pferden 478.
Andersson (Arne), Bestimmungen über Achs- u. Drehgestelldruck sowie Bruttomasse 359.
Andersson (Yngve) u. **Lööw (H.),** Verwendung v. Gummi bei Kartoffelerntemaschinen 52.
Andert (A.) s. Bohata (F.).
Andreae (B.), Geuting (H.), Herlemann (H.-H.), Jungehülsing (H.), Kamlah (H.), Manteuffel (R.), Riebe (K.), Schulte (F.), Skomroch (W.), Stamer (H.), Waggershauer (O.) u. **Jungehülsing (H.),** Beiträge zur landwirtsch. Betriebslehre [9].
Andreev (S. V.), Bubnov (G. M.), Martens (B. K.) u. **Molčanova (V. A.),** Licht-Fanggeräte für Insekten 241.
Andreeva (G. I.) s. Tropin (I. V.).
Andrusevič (E.) u. **Brodskij (V.),** Vervollkommnung d. Laufstallhaltung d. Rinder in Sibirien 747.
Anema (P.), Aussichten d. Anbindestalles 1008.
Ang (J. K.), Isenberg (F. M.) u. **Hartman (J. D.),** Festigkeitsmessung v. Zwiebeln mit einer Druck-Prüfmaschine mit Druckschreiber 934.
Angeloff = Angelov
Angeloff (A.) s. Petkoff (T.).
Angerer (H.), Beregnungslehrfahrt ins Knoblauchland 1069.
Aniansson (G.), Norén (O.) u. **Zetterberg (H.),** Schalldämpfung bei Kaltluft-Trockenanlagen 269.
Anisimova (L. I.), Über d. Abreißen d. Maiskolben in Maiserntemaschinen 1084.
Anochin (V.), Handelszentren für ländliche Gebiete 1182.
Anochin (V. I.), Anwendung hydrodynamischer Getriebe in Traktoren mit landwirtsch. Verwendungszweck 410.
Anquez (M.), Gefriereinrichtungen in Frankreich; Entwicklung, Situation u. Probleme 145. — Obstlager, derzeitige u. zukünftige Entwicklung 951.
Ansdale (R. F.), Differentialsperren u. Ausgleichsbegrenzungsvorrichtungen 859.
Anstee (L. L.) s. Gunkel (W. W.).
Anton (A.) u. **Hutschenreuther (G.),** Dornburger Stallprofil, seine Anwendung in Offenstalltypen 255.
Antonov (A.) u. **Rozenberg (Ja.),** Experimentalbauten im Sowchos „Zavety Lenina" 640.
Antonov (A. I.) s. Šmelev (D. I.).
Antonov (B.), Erhöhung d. Verschleißfestigkeit v. Zylinderbuchsen d. Schleppermotoren 1217.
Antonova (O. K.), Flugzeug „Pčelka" 542.
Antonow s. Antonowa (O. K.).
Apanasenko (I. S.), Fließstrecke zur Verarbeitung v. Brennholz 227.
Aperdannier (R.), Heutürme 1029.
Appenzeller (F.), Pflanzenschutztage v. Grignon 1339.
Aradi (E.) u. **Majkuth (J.),** Frage d. Trocknung d. Maiskolben 65.
Arbuzov (I. P.) s. Smirnov (A. I.).
Arešidze (N. D.), V. Fahrerhaus aus abschaltbarer Kühlerventilator 840.
Armstrong (J. J.), Burke (W.) u. **Quinn (E.),** Drainage-Pflug für Torfböden 786.
Arnautov (V.), Vorrichtung an d. Maislegemaschine „SKGK-*6* V" zur Einbringung v. Mineraldüngern 166.

Arnold (R. E.) s. Hebblethwaite (P.).
Arrigbi de Casanova (J.), Sordoillet (R.) u. **Diana (A.),** Obststationen in Vaucluse 611.
Arsdall (R. N. van), Systementwurf d. Schweineproduktion in Beziehung zum Arbeitsaufwand 581.
Artamonyčev (A. N.) u. **Vachitov (N. S.),** Spezialschloß für Rundholzbunde 976.
Artemenko (N.), Erfahrungen bei d. Getreideernte mit erhöhten Geschwindigkeiten 430.
Asanova (V. K.), Mechanisierung d. Walderneuerungsarbeiten im Gebiet Kostroma 1319.
Asbeck (O.) s. Bücken (C.).
Asheim (K. M.), Holzimprägnierung 118.
Asjabrik (M.) u. **Titovec (K.),** Kartoffelerntemaschine „KMP-*2*“ 434.
Aspinwall (J. S.) s. Klinner (W. E.).
—, Hepherd (R. Q.) u. **Hebblethwaite (P.),** Methode zur Bestimmung d. bei d. Kartoffelaufbereitung auftretenden Beschädigungen 178.
Astaf'ev (N. N.), Automatisierung d. Elektrobeheizung v. Warmhäusern 775.
Aston (P. J. M.), Landwirtschaftliche Gebäude u. Mechanisierung 491.
Atherton (J. L.), Kuhstall mit Kotrostaufstallung 1185.
Atkinson (E.), Faktoren, d. d. Leistungsfähigkeit landwirtschafticher Kraftmaschinen im Betrieb beeinflussen 1216.
Audibert (M.), Agulhon (R.), Amphoux (M.), Boutier (A.) u. **Levy (J. F.),** Mehltaubekämpfung im Weinbau mit „kleinen Flüssigkeitsmengen je Hektar“ 1314.
Avakimjan (P. M.) s. Kubyšta (N. N.).
Avdeev (N.), Grakova (T.), Pugačev (A.) u. **Sucharenko (B.),** Mähhäcksler für d. Arbeit mit erhöhten Geschwindigkeiten 171.
Avdeev (N. E.) s. Solov'ev (V. M.).
Avdjuškin (V.) s. Kondrat'ev (A.).
Azbukin (Ju. M.), Erfahrungen d. mechanischen Räumung v. gerodeten Schlagflächen 786.
Azin (L. A.), Ilaksin (V. F.) u. **Čazov (S. A.),** Unsere Erfahrung bei d. Vorbereitung v. Elitesaatgut v. Körnerfrüchten 575.

Baars (C.), Wasserverbrauch u. Kosten d. Beregnung in Noord-Brabant 159.
Baasen (E.), Vergleich d. Baukosten eines ein- u. eines zweigeschossigen ländlichen Wohnhauses 123. — Stallformen, wie wir sie brauchen 395. — Aussiedlungen in Trendelburg (Nordhessen) als Beispiel für d. Entwicklung d. Bauernhofgestaltung seit *1950* 1006. — Rationelle Bauverfahren u. ihr Einfluß auf funktionelle Gestaltung, Bauausführung u. Kapitalbedarf 1358.
Babij (P. T.) s. Vasilenko (P. M.).
Babuškin (L.) Erprobung einer Konstruktion für d. elektr. Beheizung v. Frühbeeten 353.
Bach (K.), *47.* Wanderausstellung der DLG in München *1962* 1278.
Bachirev (N. F.) u. **Sventickij (I. I.),** Vorrichtung zur Belichtung v. Pflanzen in Gewächshäusern 945.
Bachmet (K.), Wirkungsvolles Entlüftungssystem in Kuhställen 1363.
Bachmet (K. A.), Smirnov (I. V.) u. **Šomanskij (T. S.),** Bau v. Gebäuden für Besamungsstationen 501.
Backhaus (J.), Futterautomaten für d. Ferkelaufzucht 1273.
Backmund (F.), Maschineller Forstwegebau im Hochgebirge 1149.
Bačurin (N. E.), Žedun (D. S.), Zaluga (P. A.), Kuź (S. G.), Trjasin (N. R.) u. **Ščekočichin (V. V.),** Schmalschlagmethode ist zu empfehlen 473.
Bäcklund (O.), Flößen oder Autotransport? 231.
Bärner (J.), Bibliographie d. Pflanzenschutzliteratur [109].
Baerwald (U.), Vergleichende Untersuchungen an Spritz- u. Sprühschleiern unter Zuhilfenahme einiger physikalischer Kenngrößen 1161.
Baganz (K.), Altbauten für d. moderne Kartoffellagerung als Ausgangspunkt für d. Aufgabenstellung entsprechender Maschinensysteme 267. — Beurteilung v. Landmaschinen 281. — Industrielle Kartoffelproduktion? 729. — Zur Frage d. Sammelrodens v. Kartoffeln bei hohem Beimengungsanteil 1251.
— u. Kuhnert (L.), Verfahren zur Bestimmung d. Beeinflussung v. Acker-

böden durch Schlepper u. Maschinen 283.
Bagert (K.), Belüftung v. Zuckerrübenmieten 744.
Bagley (J. M.) u. **Linsley (R. K.),** Graph. Bestimmung d. wirtschaftlichsten Rohrgröße 160.
Bahndorf (E.), Neuerer d. Forstwirtschaft im Holzeinschlag 369.
Bailey (P. H.), Leistungsmessung v. Getreidetrocknern 906.
Baist (W.), Motorenverschleiß, insbes. bei Kaltbetrieb 841.
Bajdjuk (A. T.) s. Mel'nik (P. I.).
Bakaljar (L.), Verdienstvoller Verbesserungsvorschlag — d. Konstruktion d. Schlepperanhängers „UV-2" 1064.
Baklanov (A. V.), Jahresleistung *1600* m^3 je Ausformarbeiter 793.
Bakos (I.), Mechanisierung d. Obstproduktion [942]. — Vergleichende Betriebsuntersuchungen an Obstspritzgeräten 1312. — s. Balint (N.).
Bakos (J.), Vergl. Untersuchungen v. Pflanzenschutzgeräten im Obstbau 210.
Balch (C. C.), Johnson (V. W.) u. **Machin (C.),** Stall u. Ausrüstung für Stoffwechseluntersuchungen mit Kühen 1359.
Baldini (E.), Schutz d. Obstgehölze gegen hohe u. niedrige Temperaturen 92.
Balevski (K. I.) u. **Elenev (A. V.),** Einsatz v. Anhängern mit Triebachse 28.
Balichin (M.), Gemeinschaftsküchen für d. Kollektivwirtschaften 124.
Balint (N.) u. **Bakos (I.),** Mechanisierung d. modernen Pflanzenschutzes in modernen Großbetrieben [996].
Baljuba (J.) s. Verejutin (V.).
Balogh (J.) u. **Náfrádi (I.),** Heizung im Gartenbau [206].
Balovnev (G. G.), Anwendung v. Aluminiumlegierungen bei d. Konstruktion landwirtsch. Maschinen 682.
Baltin (F.), Werkstoffverschleiß an Pflanzenschutzgeräten durch staubhaltige Luftströmungen 1161.
Baltzer (K.), Mechanisierung d. Innenwirtschaft 507. — Planung u. Einbau mechanischer Entmistungsanlagen 518. — Bauen — künftiges landwirtschaftliches Hauptthema 999. — Wasserbedarf und Wasserversorgung 1280. — Einfluß v. Ernteverfahren verschied. Mechanisierungsstufen auf d. bauliche Gestaltung v. Wirtschaftsgebäuden 1349. — s. Köstlin (A.).
Balusov (J.), Fortschrittl. Arbeitsmethoden für alle Forstindustriebetriebe 790.
Balyberdin (N.) u. **Beketov (M.),** Ein Turbinen-Abzugsdeflektor 1002.
— u. **Starych (V.),** Umbau v. Kälberställen 257.
Bangma (H.), Propellermäher in d. Praxis 939.
Bannik (A. P.) u. **Samilkin (V. D.),** Wirkungsgrad d. Traktor-Triebräder 289.
Bantzer (A.) s. Stieren (E.).
Baraeva (V.), Kran u. Konteiner 798.
Baragar (A.), Thermostat. gesteuerte Kochgeräte 196.
Baraldi (G.), Mechanisierung im Obstbau 202. — Maschinen zur Bearbeitung d. Bodens zwischen d. Bäumen 351. — Erster Vorführtag d. Maschinen für d. Obstbau 468.
Barabanov (V.) u. **Telegin (V.),** Verwendung v. Plasten für d. Instandsetzung v. Lagerschalen 139.
Baranov (G. F.), Litvinenko (I. T.) u. **Šejchot (Ja. M.),** Eine Rinderfarm neuen Typs 661.
Baranov (N.), Mehrsägevorrichtung am Holzsägefließband 375.
Baranov (N. D.), Einfluß d. konstruktiven Parameter v. Kettengliedern auf d. Bodenhaftungseigenschaften d. Traktors 289.
Baranov (V. V.) s. Okorokov (N. I.).
Baranova (N. B.), Festigkeit der Gleiskettenglieder d. Traktors „DT-54" bei dynamischer Wechselbeanspruchung 539.
Bárczy (G.), Selbsttätige Fütterung 332.
Barden (R. D.) s. Roller (W. L.).
Barenburg (I.), Schweinemaststall aus Keramsitbeton-Platten 1193.
Barfuß (E.), Stallbau u. Innenmechanisierung in d. Intensivgeflügelzucht 185.
Barger (E. L.), Neuester Bericht über d. Würfeln v. Heu auf d. Feld 561.
Barinov (A.I.), Verladen d. Holzbunde auf Schiffe mittels Kran 982.

Barker (B.), Fliegende Schlepper? 1061.

Barker (M. G.) u. **Rest (D. J. van),** Auswirkungen d. Verschiedenartigkeit einzelner Fahrer auf d. Schlepperleistung 1213.

Barley (M. W.), The English farmhouse and cottage [1349].

Barnes (M.), Rationalisierung beim Möhrenanbau 1303.

Barron (N. S.), Schweineställe in Rhodesien 667.

Barrow (P. M.), Auf dem Getreidemarkt entscheidet heute d. Qualität 1247.

Barrow (V. L.), Moderne Pasteurisiergebäude 93. — Ventilation v. Kulturräumen. *2.* Mitt. 772.

Barske (H.), Mastenbauweise im ländlichen Bauen 386. — Vorschläge zur Vervollkommnung bestehender Rinderoffenställe 511.

— u. **Stiegmann (G.),** Bau v. Rinderoffenställen 397.

Barsoukov (A. F.), Prüforganisation v. Traktoren u. Landmaschinen d. UdSSR 692.

Barsukov (M.) s. Ključnikov (V.).

Barsukov (M. V.) s. Leškevič (A. I.).

Bartenev (V. D.), Neue Aushebevorrichtung für Baumschulmaterial 1116.

Barth (E.) s. Franzke (H.).

Bartholomay (G.), Möglichkeiten d. Mechanisierung bei d. Anzucht v. Stauden 1286.

Bartlett (H. D.), Hühnerkotbeseitigung bequem u. billig 442. — s. Crawford (W. B.).

— u. **Tickner (R. W.),** Genagelte Aluminiumdächer 385.

Bartmann (R.), Stationäre Melkstandanlage in Fischgrätenform Typ „*601-16*“ FM nach WV „*344*“, VEB Elfa, Elsterwerda-Biehla; Prüfbericht Potsdam-Bornim 129. — Messung d. Taktverhältnisse (Parameter) bei d. Prüfung v. Melkmaschinen 334. — Weidemelkstandanlage in Fischgrätenform stationär, Typ „M *610—16* FW s“, VEB Elfa, Elsterwerda; Prüfbericht Potsdam-Bornim 1013. — Mechanisierung d. Milchgewinnung in d. Landwirtschaft d. UdSSR. Bericht über eine Studienreise 1274.

Bartoš (J.), Kováčik (J.) u. **Zelenka (J.),** Neue Luftbereifung für landwirtschaftliche Maschinen 1220.

Barucha (M. O.), Einsatz d. Einmann-Motorenkettensäge „ES-*35*“ bei der Fällung 1142.

— u. **Zillmann (G.),** Ergebnisse u. Erfahrungen aus der bisherigen Tätigkeit d. Zentralen Sozialistischen Arbeitsgemeinschaft „Holzausformungsplätze“ 1327.

Barvenko (P. I.) u. **Gavrilov (V. P.),** Zur Begründung der Typenabmessungen v. Mähmaschinen für d. Zweiphasenernte 1082.

Barykov (M.) s. Red'kin (A.).

Baseckij (L. I.) s. Budagov (A. A.).

Basham (C. W.) s. Dedolph (R. R.).

Baširov (R. M.) s. Baškatov (A. F.).

Basjuk s. Grund (H.).

Baškatov (A. F.), Baširov (R. M.) u. **Smirjagin (E. S.),** Methode zur Bestimmung d. Qualität v. Kraftstoffeinspritzpumpenelementen 532.

Basov (A. M.) u. **Izakov (F. J.),** Getreidesichtung im Hochspannungsfeld 575/6.

Basov (Ju. I.) s. Kuvaldin (B. I.).

Bass (G. M.), Nikolaev (N. V.) u. **Vladyčenko (G. P.),** Drainage aus porösem Beton für schwache Sandfilter 416.

Bastelaere (G. R. van), Geräte zur Feuchtigkeitbestimmung im landwirtschaftl. Betrieb 10. — Elektrische Feuchtigkeitsmesser für Getreide 907.

Batel (W.), Institut für landtechnische Grundlagenforschung 831. — Über das Sortieren körniger Stoffe 837.

— u. **Thiel (R.),** Selbsttätige Regelung der Landmaschinen 523.

Bates (C. R.) s. Chen (J. H. S.).

Batrakov (K.) u. **Krjukov (E.),** Kartoffelroder als Krautmäher 897.

Bau (K.) s. Mainz (H.).

Bauer (A.-F.), Untersuchungen zur landwirtschaftlichen Windschaden- u. Feldheckenproblematik im Rahmen aktueller Aufgabenstellungen d. praktischen Windschutzplanung in norddeutschen Schwerpunktbereichen d. Deutschen Demokratischen Republik unter spezieller Berücksichtigung d. Flugsandschäden u. Reliktheckenvorkommen in d.

mecklenburgischen Agrarpraxis [1241].
Bauer (R.), Bauer-Güllanlage mit Schwemmentmistung 271.
Bauer (W.), Stabilisierung im Waldstraßenbau 632.
Bauhaus (F.), Vorteile d. Rohrheizkörper 78.
Baum (K.-H.) s. Blumenthal (R.).
Baumann (E.) s. Chaffin (W.).
– u. **Vogel (G.),** Kompostbereitung aus Stadt- u. Industrieabfällen in der ČSSR 1289. – Einsatz technischer Hilfsmittel bei d. industriellen Kompostbereitung in d. ČSSR 1290.
Baumgartner (H.), Ein neues Schaubild zur Beurteilung d. Verbrennungsablaufes in Kolbenkraftmaschinen 1048.
Baustian (H.), Wasser u. Abwasser in Molkereien 503.
Bavel (C. H. M. van) u. **Myers (L. E.),** Automatisch wiegendes Lysimeter 686.
Bayer (J.), Praktische Erfahrungen bei Bauberatungen mit Bauern, Handwerkern u. Baumeistern. I 999.
Beare (J. A.), Bodenbearbeitung zu Getreide. 2. Mitt. Landtechnische Ausrüstung für d. Saatbettbereitung 1232.
Beaty (H. H.) s. Klueter (H. H.).
Bebin (N.) s. Buchčev (I.).
Beck (H.) s. Stoeckhert (K.).
Becker (E.), Was interessiert an Weinberg-Sitzpflügen? 203. – Raumnebelgerät „HKN II“, Fa. Marcus, Helmbrecht & Co., Leipzig; Prüfbericht Potsdam-Bornim 379. – Helma-Zusatz-Nebelgerät für Hanglagen, Fa. Marcus, Helmbrecht & Co., Leipzig; Prüfbericht Potsdam-Bornim 380. – Weinberg-Sitzpflüge 458. – Pflugarbeit am Hang 881. – Organische u. mineralische Stoffe zur Herstellung u. Beschichtung v. Pflugscharen u. Pflugstreichblechen 1071. – Untersuchungen über d. Arbeitsqualität v. Düsen bei Pflanzenschutzmaschinen 1160. – Schlepperpflüge für d. Weinbergsarbeit 1289.
Becker (H.), Kochen u. Heizen mit Gas 925.
Beckwith (M. D.), Stout (B. A.) u. **Dahir (A. G.),** Dynamische Eigenschaften fester u. flüssiger Ballastmassen in einem Modell-Traktorreifen 1221.
Beda (J.) s. Fischer (F.).
Bedding (A. J.) u. **Rothwell (J. B.),** Bericht aus Fairfield 601.
Bedorf, Stallentmistung mit Seilzug 921.
Bedyński (B.), Lubański (L.) u. **Solecki (Z.),** Einspritzungen u. Einspritzer für Schlepper [843].
Beer, Möglichkeiten d. Mechanisierung in d. Baumschule 1113.
Beér (F.), Großbehälter, Gehäuse u. Rohre aus glasfaserverstärkten Kunststoffen 4.
Beeston (J. A.), Selbsttränke für Mehrzwecknutzung 1024.
Begemann (W.), Arbeitsvorbereitung für d. Einsatz v. Schlepperseilwinden 623.
Begidžanova (A. P.), Ljubimov (B. A.) u. **Pallon (Ju. N.),** Plaststoffe; anstelle v. Ledermanschetten für Hydraulikzylinder 4.
Behling (H.) s. Schneider (B.).
Behrndt (G.), Auftreten u. Bekämpfung d. Sitkalaus im Frühjahr *1961* im Privatwald d. Weser-Ems-Raumes 800.
Behrndt (W.), Einsatz v. Hubschraubern bei d. Forstschädlingsbekämpfung 986.
Beketov (M.) s. Balyberdin (N.).
Bekker (I. G.) u. **Segal' (I. B.),** Vakuum-Sprengwagen für Eisstraßen 235.
Beličenko (D.), Bau von Autostraßen auf dem Land 121.
Belinskij (A.) s. Stadničuk (P.).
Beljaevskij (J. I.) s. Olenev (V. A.).
Beljakov (V.), Gespann-Spritze mit Pumpenselbstantrieb 1340.
Bell (G. A.), Neue Art eines Milcharäometers 447.
Bellinger (P. L.) u. **McColly (H. F.),** Energiebedarf f. d. Herstellung v. Heupreßlingen 561.
Belousov (J.) s. Mal'kov (V.).
Belov (S. M.) s. Drong (I. I.).
Belovzorov (L. N.) s. Kuosman (V. V.); Peršin (V. G.).
Belozercev (A.), Mechanisierte Strohbergung 727.
Belozercev (A. G.), Vollmechanisierung d. Maisanbaues u. Maisernte [296].

Benders (G. A.), Nationale Grünlanddemonstration in England 556.
Benderuk (P. I.), Mechanisierung d. Mietenarbeiten 439.
Benecke (D.), Zusammenarbeit d. MTS mit d. GPG im Produktionsgebiet Erfurt 1108.
Benecke (F. S.), Bienenbeuten, ihr Bauplan u. ihre Erhaltung 1369.
Bengtsson (Å.), Techn. Neuheiten im Forst *1961* 628.
Bengtsson (G.), Düngerstreuer – ein wichtiges Gerät 714.
Benne (R.), Erd- u. Pflanzlochbohrgeräte im Einsatz 1115.
Berentsen (O.), Belüftungsverfahren erfordert Vortrocknung am Boden. Wie erfolgt d. Bodenschnelltrocknung? 557. – Heubereitung mittels Zetter. *2.* Mitt. 722.
Berezin (M. S.), Futterverteilung u. Entmistung im Rinderstall mit Hilfe eines Schleppers 321.
Berezin (V.) u. Želtov (E.), Plenternde Forstnutzung mit Hilfe v. Maschinen u. Geräten 1321.
Berezin (V. P.) u. Zacharov (T. Z.), Bau der Holzabfuhrstraßen 801.
Bereznikov (V. V.) u. Makuškin (A. P.), Auftragung v. Plaste auf Maschinenteile in quasiflüssigem Pulvermedium 834.
Berg (F.) u. Kreil (W.), Intensive Weidewirtschaft in rindviehstarken Großbetrieben. *14.* Mitt. Die verbesserte Weidezentrale für Milchvieh mit stationärem Fischgrätenmelkstand 665.
Berger (H.-J.), Gespann-Weinbauspritze S *016* 1314.
Berger (M.), Bormann (K.), Rieger (R.) u. Wellner (D.), Bauhandbuch für landwirtsch. Produktionsgenossenschaften [114]*.
Berger (P.), Philipp (G.) u. Jeske (A.), Entwicklung eines Spritz- u. Sprühgerätes für d. Tabakanbau 1162.
Berger (R.), Lüftungsproblem in d. Geflügelhaltung 442.
Berger (S.), Einige Bemerkungen zum Waldwegebau 1152.
Berglund (N.), Maschinenmelken 193.
Bergmann (H.), Lohnt sich eine Erhöhung d. Schleppergeschwindigkeit? 545, 692. – Arbeitsteilung u. Spezialisierung in d. Landwirtschaft [1046].
Bergmann (K.), Baustoff Ziegel 246.
Bernacki (H.), Untersuchungen v. Scharfräsen in d. Bodenrinne u. auf d. Acker 882.
Bernard (J. I.), Wohnungsheizung in d. belastungsarmen Zeit 927.
Berner (U.), Zur Typologie u. Nomenklatur d. Pflüge 1070.
Bernhard (K.) s. Kulik (J.).
Beskin (L. I.) u. Zajcev (A. I.), Neutronenmethode zur Bestimmung der Bodenfeuchtigkeit 529.
Bessarabov (V. I.) u. Onisimov (A.), Erfahrungen mit Vollerntemaschinen für d. Zuckerrübenernte nach d. Fließbandverfahren 570.
Betin (S.), Kleinmechanisierungsmittel in d. Tierzucht 183.
– u. **Agafonov (J.),** Rübenvollerntemaschine „KSZ-*1*“ 435.
Bettenay (R.) u. Fielder (F.), Fischgrätenmelkstände 258.
Betz (U.), Entwicklungsstand u. Einsatz d. technischen Hilfsmittel u. ihre Einplanung in d. bäuerliche Wohnhaus 1359.
Bialojan (G.), Untersuchung d. Entmischung v. Trockenmischfutter während des Transportes vom Futtermischwerk zum Verbraucher 72.
Bianchi (W. C.), Messung d. Bodenfeuchtigkeit über Spannungsänderungen 283.
– u. **Johnston (W. R.),** Einfaches Registriergerät zur Bestimmung d. Wasserleitfähigkeit d. Bodens 11.
Bicadze (D.) u. Ul'man (J.), Einfluß d. Impuls-Lichtbogenauftragsschweißens auf d. Stabilität d. Teile 683.
Bick (G. E.), Technische Sklaven helfen d. Hausfrau 449.
Bickel (H.), Strömungswiderstand v. Dürrfutter in Abhängigkeit v. d. Strömungsrichtung 1260.
Biesalski (E.) s. Preuschen (G.).
Bigsby (F. W.) u. Driedger (R. L.), Bericht über eine Getreidewaage für Mähdrescher 1249.
Bilanski (W. K.), Collins (S. H.) u. Chu (P.), Aerodynamische Eigenschaften von Samenkörnern 576.
Bilowicki (J.), Grünfuttertrocknung [181].
Bimbulov (N.), Flüssigkeitserhitzer

nach dem Prinzip v. Transformatoren 337.
Binder (M.), Mechanisierung d. Arbeit mit d. Lein [1229].
Bingley (G. W.), Leonard (R. K.), Buchele (W. F.), Stout (B. A.) u. **Ries (S. K.)**, Mechanisierte Gurkenernte. Prinzip u. Entwicklung eines mechan. Erntegerätes 354.
Binsack (R.), Anwendung neuer Dränverfahren 872.
Binting (I.) s. Horn (H.-H.).
Binz (W.) s. Bodmer (H.).
Birilov (O.) u. **Voropaeva (V.)**, Keramsitbetonböden in Viehställen 655.
Birjukovič (J. L.) s. Birjukovič (K. L.).
Birjukovič (K. L.), Birjukovič (J. L.) u. **Širjaev (I. T.)**, Einführung v. Glaszement im Landmaschinenbau 329.
Bischof (A.), Prototyp eines *60—70* PS-Allradschleppers 287. — Anforderungen d. Landwirtsch. an d. Schlepperprüfung 691.
—, Adams (R.) u. **Zaunmüller (G.)**, Agrotechn. Forderungen an d. Traktoren eines einheitl. Traktorensystems für d. DDR 691.
Bischoff (T.), Umbau eines Feldhäckselbetriebes 394. — s. Reisch (E.).
Bittkau (H.), Mängelerscheinungen an Asbestzement-Dächern 639. — Lehren aus Sturmnächten 1001.
Bjerninger (S.), Können d. Belastungen d. Traktorenfahrer vermindert werden? 698.
Black (L. A.) s. Brazis (A. R.).
Blackett (D. B.), Landwirtschaftliches Flugwesen 1060.
Blackmore (L. W.), Bandspritzung: Eine neue Technik d. Überdrillens 239.
Blanken (G.), So entsteht ein Fertighof 1182.
Blanpied (G. D.) u. **Ludington (D. C.)**, Untersuchung über d. Großkistenverwendung bei ‚McIntosh'-Äpfeln für d. Frischmarkt 1304.
Blechschmidt (W.) s. Seidel (E.).
Blight (D. P.), Schwaderernte; d. Trocknungsrate bei Hafer im Schwad 48.
Blinov (O.) s. Gavrilov (I.).
Blohm (G.), Neuorientierung d. Landwirtschaft. Ihre betriebswirtschaftliche Anpassung an d. veränderten ökonomischen Voraussetzungen [1046].
Blosser-Reisen (L.), Die wirtschaftliche Einordnung v. Bau u. Technik in d. finanziellen Rahmen d. Landhaushaltes 1358.
Blossfeld (O.), Aussichten für d. Anwendung d. chem. Entrindung in d. Forstwirtsch. 106.
Bloštejn (Ė.) u. **Švarcburg (L.)**, Geräte für Untergrundlockerung 304.
Blum (W.-R.), Produktionsgerechter Zweckbau 503. — Landtechnik im Norden (Schweden) 805.
Blume (F.), Kartoffeln legen u. pflegen 1075.
Blumenthal (R.), Methodik zur rechnerischen Ermittlung d. Nennzugkraft d. Traktors 690.
—, Baum (K.-H.), Dölicke (E.), Domsch (M.), Jenisch (K.-H.), Kohl (M.), Tschatzki (L.) u. **Vogel (W.)**, Technisches Handbuch Traktoren [287].
Blyth (A.), Strohbehandlung bei d. Ernte 567.
Bobochidze (I. N.), Geräteträger „SŠ-8G" für hängige Teeplantagen 152.
Bočarov (V. S.), Erfahrungen bei d. komplexen Mechanisierung d. Forstbaumschule Iwantejewka 962.
Bockhorn (K.-H.), Einsatz u. Ausnutzung verschied. Schleppertypen bei landwirtsch. Arbeiten 692.
Bodmer (H.), Kultur gärtner. Pflanzen in „Multipot"-Platten 86.
— u. Binz (W.), Landwirtschaftl. Rechnen für Schule u. Praxis [5].
Böge (A.), Mechanik und Festigkeitslehre [522].
Böhl (K.) u. **Meier (B.)**, Mechanisierte Futterrübenernte 1254.
— u. **Sauer (K.)**, Trocknung u. Lagerung v. Mähdrescherspreu 1029.
Bölöni (I.), Darabont (A.) u. **Jován (D.)**, Untersuchungen an Quadratnest-Sämaschinen bei d. Maisaussaat 168.
Bölöni (J.), Jován (D.) u. **Darabont (A.)**, Untersuchung d. mit neueren Gerätetypen ausgeführten Maisernteverfahren 312.
Boer (J.), *10.* Weltwett-Pflügen im Flevopolder 878.
— u. **Poesse (G. J.)**, Rund um d. Royal Show 489.
Bösch (K.), Vorfertigung haustechn. Einrichtungen 121.
Böttcher (G.) s. Hechelmann (G.).
Bogdanova (L. I.), Grundforderungen

an d. elektrische Regelung d. technologischen Vorganges bei d. selbstfahrenden Mähdrescher „SK-3" 564. — Automatisierung d. Mähdreschers „SK-3" 565.

Bogner (H.), Qualitätsmilch, richtige Erzeugung u. Behandlung 924.

Bogolepov (Ju. V.), Rode- u. Sammelgerät „KS-*100*" 97.

Bohata (F.) u. **Andert (A.),** Gerät zum Messen u. zur Registrierung d. Motorauslastung 21.

Bohn (A.) s. Tempel (W.).

Bohr (K.), Versuche zum Ausbringen v. Pflanzenschutzmitteln über d. Beregnungsanlage 1129.

Bohrisch (W.), Meßtechnik bei d. Rationalisierung d. Landmaschinenprüfwesens 281. — Beitrag zur elektrischen Messung mechanischer Größen mit Trägerfrequenzgeräten 836.

Bojańczyk (J.), Probleme d. internationalen Zusammenarbeit bei d. Produktion v. Traktoren u. Landmaschinen 1037.

Boklag (V. M.), Wenden v. Zugmaschinen mit Gelenkrahmen 860.

Bol (M.), Minutentabellen *1962* voor hat vellingswerk van douglas [800].

Bolgov (I. V.) s. Kljačko (A. B.).

Bolinskij (V. N.), Theorie, Konstruktion u. Berechnung v. Traktoren- u. Automobil-Motoren [1049].

Boltinskij (V. N.), Möglichkeiten für d. Erhöhung d. Arbeitsgeschwindigkeit v. Schleppern über *9* km/h 18. — Steigerung d. Arbeitsgeschwindigkeiten v. Schleppern u. ihre Perspektiven 145.

Bóna (J.), Großproduktionstechnologie u. Aufbau d. landwirtschaftlichen Betriebe 1183.

Bonč (É. I.) u. **Ostaševskij (I. Ja.),** Beizgerät „PZ-*10*" 488.

Bondarenko (S. P.), Intensivierung d. wissenschaftlichen Arbeiten zur Ausrüstung fahrbarer komplizierter landwirtschaftlicher Maschineneinheiten mit Elektroantrieben 839.

Bondine (M.), Versuche mit Flugzeugen z. Bekämpfung d. Kartoffelkäfers 1342.

Bondurant (J. A.) u. **Humpherys (A. S.),** Automat. gesteuerte Bewässerung 33.

Bonnemann (A.) u. **Trinks (R.),** Standort u. Waldwegebau. Erfahrungen aus dem Lehrforstamt Gahrenberg 377.

Bonzel (J.), Richtlinien für d. Herstellung v. Beton für Gärfuttersilos mit Erläuterungen 1372.

Boonman (D. C. M.), Welcher Sammelroder? 54 — Abfuhr von lose auf d. Wagen gerodeten Kartoffeln nach zentralen Lagerplätzen 570. — Eindrücke v. d. Transportmesse in Utrecht 701. — Stallbauten u. Betriebsorganisation 745. — Einige Neuheiten 1093. — Arbeitstechnische u. organisatorische Aspekte beim Transport v. Kartoffeln 1254.

Booy (D. L.), Neue Verpackungen 1309.

Borbas (L.) u. **Budahegyi (J.),** Wein- u. Obstbau im Großbetrieb [202].

Borchelt (M. C.) u. **Smith (O. A.),** Benutzung d. unteren Lenkers zur Regelung bei Geräte-Kopplungen 1222.

Borchert (K.-L.), Stallschiebetür mit Anschlagsdichtung 808.

Borchert (W.) s. Seidel (E.).

Borde (K.), Zu Fragen d. Standortwahl für Hopfenpflückmaschinen u. Trocknungsanlagen 571.

Borewicz (W.) u. **Dłuski (S.),** Mechanisierung d. Maisanbaues [703].

Borisov (A. M.), Typenreihe v. Getreideladern 65.

Bormann (K.) s. Berger (M.).

Borodin (M. M.), Arbeitsnormen für Auslastung d. Schlepper bei Waldarbeiten 618.

Borodkin (V. V.) u. **Šarov (N. M.),** Ergebnisse d. Prüfungen v. Kapronbuchsen an Pflügen 712.

Borodjanskij (N.), Anlage belüfteter Rübenmieten 1371.

Borowski (K.-H.), Baukastensystem in d. Technik 4, [524].

Borowy (R.) s. Sadowska (W.).

Borský (I.) s. Hubač (M.).

—, Hubač (M.) u. **Strelka (F.),** Körperl. Belastung beim Tragen d. Motorsägen unter diversen Terrainbedingungen 102.

Borstelmann (P.), Heutige Situation d. elektr. Fußbodenheizung 594. — Tendenzen d. elektr. Heißwasserbereitung 758.

Borovkov (V. G.), Elektrostampfer zum Betten d. Eisenbahnschwellen 375.

Boržonov (K.), Verladen großer Stammpakete im Transbaikalgebiet 480.

Bosc (J.), Ausrüstung eines Milchschafbetriebes 184.

Boschma (K.), Kosten d. Beregnung unter Glas 206. — Dränung u. Vorflut 766.

Bosi (P.), Funktionsprinzipien d. programmgesteuerten Schleppers „Bobs *60*" 1051.

Bouché (Ch.) s. Sass (F.).

Boutier (A.) s. Audibert (M.).

Bowers (R. D.), Hydraul. Hubsystem für Anhängegeräte 25.

Bowers (W.), Pasture, hay, and silage for dairy cattle, beef cattle, sheep and hogs [753]. — Calibrating and adjusting granular row applicators [1241].

Boxall (V. J.), Was d. „Royal Show *1961*" Neues brachte 109.

Boyce (D. S.), Mechanisierung d. Zuckerrohrernte 736.

Braak (J. P.) s. Smeets (L.).

Bräuner (K.), Neuzeitliches Elektroherdgeschirr 762.

Brail (D. E.), Verwendung glasfaserverstärkter Kunststoff-Formteile an Landmaschinen 682.

Brand (C.), Elektro-Installation als Voraussetzung für d. Rationalisierung d. Innenwirtsch. 143.

Brandt (E.), Entlüftung u. elektr. Anlagen in Viehställen 810.

Brann (V. H.), Drahtbodenställe u. Ställe mit Drahtboden u. Tiefstreu für Legehennen 132.

Braude (B. S.) s. Michajlov (D. M.).

Braune (W.), Maschinelle Verschulung u. Pflege auf leichten Standorten 220.

Braunger, Warum Schmalspurschlepper im Erwerbsobstbau? 342. — Spritzverfahren im Erwerbsobstbau 780.

Braunger (J.), Pflanzenschutz im Erwerbsobstbau 210.

Brazis (A. R.) u. **Black (L. A.)**, Bakteriengehalt v. Tankmilch im innerstaatlichen Schifftransport. *1.* Mitt. Einfluß der Probeentnahme 587. — Bakteriengehalt v. Tankmilch im innerstaatlichen Schifftransport. *2.* Mitt. Einfluß d. Milchbehandlung in d. Farm u. in d. Sammelstellen 587.

Breckel (H.) s. Wellinger (K.).

Brenner (W. G.), **Grimm** u. **Schurig**, Bessere Siliertechnik durch verbesserte Silos 269. — Neuer Silo aus Weihenstephan 517.

— u. **Mehrle (W.)**, Probleme d. Körnermaisernte 176.

Breski (H.) s. Stephan (G.).

Bressler (G. O.), Vergleich zwischen sonnenzugänglichen u. fensterlosen Legeställen 70.

Brett (J.), Neuzeitliche landwirtsch. Maschinen 244.

Bria (N.) s. Tomescu (D.).

Briedis (V. A.) s. Indan (R. Ju.).

Bril' (S. I.), Berechnung v. Erdlochbohrern 363.

Bringezu, Spätfrostbekämpfung im Obstbau 1131.

Brinkmann (W.), Zuckerrüben-Saatgut u. -Sägeräte 39.

Brjuchov (A. M.) s. Kvasnikow (V. V.).

Brodersen (G.), Arbeitsvereinfachung im Rindviehstall 1093.

Brodskij (M. A.) u. **Kamzolov (A. P.)**, Katalog d. Ersatzteile landwirtsch. Traktoren [699].

Brodskij (V.) s. Andrusevič (E.).

Broicher (H.-A.) s. Dupuis (H.).

Bronfman (L.) s. Polonskij (L.).

Bronner (H.) s. Frohner (W.).

Bronnikov (P.), Häuser aus Raumzellen 1181.

Brooker (D. B.) u. **McKibben (J. S.)**, Seitendruckmessungen im Durchfahrsilo. *2.* Mitt. Maissilage 516.

Brown (C. H.), Vollelektrifizierung d. brit. Landwirtschaft 689.

Brown (L. N.), Bewässerung im hängigen Gelände 158.

Browne (D. A.), Entfernung eingeschlossener Luft bei Dichtebestimmungen v. Samen 1047. — s. Warner (M. G. R.).

Browning (D. R.) s. Paterson (J. J.).

Brož (V.) s. Hora (O.).

Broža (A.), Trocknung in d. Landwirtschaft [407].

Brünner, Heuturm 673. — Neue Gesichtspunkte bei d. Heuernte 1242.

Bruer (R.) s. Söhne (W.).

Brundke (M.), Rationalisierung u. Familienbetrieb 7. — s. Preuschen (G.).

Bruthans (J.), Jahreszeitliche Verteilung d. Arbeitsbedarfs u. ganzjährige Auslastung d. Arbeitskräfte in d. Landwirtschaft [835].

Brutsaert (W.), Taylor (G. S.) u. **Luthin (J. N.)**, Berechnete u. ermittelte Absenkungskurven bei d. Tonrohrdränung 32.
Bryner (W.), Langschere – ein praktisches Hilfsmittel zur Fruchtholzverjüngung 461.
Bryzgalov (A.), Schlepper „TDT-*40* M" 627.
Bubnov (G. M.) s. Andreev (S. V.).
Bucharkin (V. N.) s. Kočerygin (Ju. I.).
Buchčev (I.), Stojanov (Ch.) u. **Bebin (N.)**, Zugkraftcharakteristik eines Schleppers mit stufenlosem, hydraulischem Getriebe 858.
Buchele (W. F.) s. Bingley (G. W.).
Buchholz (E.), Waldwirtschaft u. Holzindustrie der Sowjetunion [94].
Buchholz (H.), Ölheizofen, Größenwahl u. Raumheizvermögen 759.
Buchtijarov (I. D.) s. Zmanovskij (V. A.).
Buck, Grundwasserreserven wichtig bei radioaktiver Verseuchung 703.
Buckingham (F.), Wandlung in d. Technik 829. – Getriebeschaltungen 857. – Eine neue Konzeption für d. automatische Steuerung v. Fütterungssystemen 918. – 4-Rad-Antrieb 1056. – Pflanzenpflege mit Flammenwerfern 1076.
Buclon (F.), Merkmale einiger Kunststoffe, d. für Kulturen verwendet werden 769.
Budagov (A.), Vorrichtung für d. gleichzeitige Aussaat v. Mais u. Leguminosen mit d. Sämaschine „SKGK-*6* V" 424.
Budagov (A. A.), Einzelkornaussaat mit d. Maislegemaschine „SKGK-*6* V" 40.
–, Fialkovskij (V. I.) u. **Baseckij (L. I.)**, Ein runder mechanisierter Schweinestall im Getreide-Sowchos v. Jeiskoje 1014.
Budahegyi (J.) s. Borbas (L.).
Budso (I.) u. **Krausp (V.)**, Hauptrichtungen d. Automatisierung d. Produktionsprozesse in d. tierischen Produktion [1093].
Budzinski (A.), Wirtschaftl. Rohrdimensionen bei Gewächshausheizungen 775.
Bücken (C.) u. **Asbeck (O.)**, Werkstoff- u. Gestaltungsmöglichkeiten für d. Leicht-Ottomotor 1048.
Bünemann (G.), Gerät zur Einstellung d. Gaszusammensetzung im CO_2-Lager 778.
Bürger (K.), Forschungsgemeinschaft zeigt einen neuen Weg in d. chem. Entkrautung d. Binnengräben 32.
Büttner (R.) s. Seidel (E.).
– u. **Seidel (E.)**, Erfahrungen bei d. Mechanisierung d. Gemüseernte 776.
Bufton (L. P.), Richardson (P.) u. **Phillipson (A.)**, Potter-Frühbeetfenster. – N.I.A.E. Test 1294.
Bujankov (L. I.), Automatische Differentialsperre am Radtraktor 859.
Bujanov (A. I.) u. **Turovskij (V. I.)**, Arbeit mit erhöhten Geschwindigkeiten 1250.
Bull (K. G.) s. Pascal (J. A.).
Bulygin (N. V.), Langholzabfuhr im Gebirge 232.
Burckhardt (E.), Mechanisierte Bestandesgründung u. Kulturpflege auf großer Fläche 361.
Burema (H. J.), Schwadmähversuche mit Roggen 173.
Buremalm (N.) u. **Åberg (E.)**, Mähdrescherernte 48.
Burénius (Å), Holzeinschlag 224. – Verladen v. Holz bei LKW-Transport 983.
Burger (H.) s. Heinig (W.).
Burghardt (P.), Kombinierte Heizung verbessert Gewächshausklima 1297.
Burghardt (S.), Frage d. Beleuchtung v. Geflügelställen 515.
Burghausen (R.), Einfluß d. chemischen Unkrautbekämpfung auf d. Agrotechnik im Kartoffelbau 1341.
Burgstaller (E.), Sichel als Getreideschnittgerät in Oberösterreich 1082.
Burke (W.) s. Armstrong (J. J.).
Burlak (A. P.) s. Livanov (A. P.).
Burlak (F. V.), Umbau d. Hackgerätes „KLT-*4,5* B" 219.
Buromskij (V. I.), Erfahrungen mit d. elektr. Schwadmäher „ŽEA-*2* R" 173.
–, Samojlova (T. P.), Stecenko (V. G.) u. **Sizov (J. N.)**, Verwendung d. elektr. Zapfwelle für d. Schwadmähen 174.
Burnett (G. F.), Forschungen über d. Bekämpfung d. Tsetsefliege v. Flugzeug aus in Ostafrika 867.
Burtakova (V. J.), Anforderungen an d. Anlaßsystem v. Traktormotoren 410.

DEUTSCHE DEMOKRATISCHE REPUBLIK
DEUTSCHE AKADEMIE DER LANDWIRTSCHAFTSWISSENSCHAFTEN ZU BERLIN
INSTITUT FÜR LANDWIRTSCHAFTLICHE INFORMATION UND DOKUMENTATION

Landwirtschaftliches Zentralblatt

ABTEILUNG I

LANDTECHNIK

9. JAHRGANG — 1963

AUTOREN- UND SACHREGISTER 1963

AKADEMIE-VERLAG · BERLIN

LZ. I LANDTECHNIK · JG. 1963 · AUTOREN- UND SACHREGISTER · BERLIN · SEPTEMBER 1964

Seitenzahlen der Hefte

Jahrgang 1963

Nr. 1	1— 136
Nr. 2	137— 272
Nr. 3	273— 400
Nr. 4	401— 520
Nr. 5	521— 678
Nr. 6	679— 828
Nr. 7	829—1034
Nr. 8	1035—1200
Nr. 9	1201—1372

Inhaltsübersicht

Seite

Autorenregister . . . . A 1—A 99

Sachregister . . . . S 1—S 222

DEUTSCHE DEMOKRATISCHE REPUBLIK
DEUTSCHE AKADEMIE DER LANDWIRTSCHAFTSWISSENSCHAFTEN ZU BERLIN
INSTITUT FÜR LANDWIRTSCHAFTLICHE INFORMATION UND DOKUMENTATION

Landwirtschaftliches Zentralblatt

ABTEILUNG I

LANDTECHNIK

AUTORENREGISTER 1963

AKADEMIE-VERLAG · BERLIN

LZ. I LANDTECHNIK JG. 1963 · AUTORENREGISTER · BERLIN · SEPTEMBER 1964

Buryj (Z. P.) u. **Didur (V. T.),** Gerät zum Schutze d. Weingärten 466.
Busch (W.), Arbeitsgestaltung beim Pikieren in d. Multitopf 768.
Bussen (R.), Grundzüge d. landwirtsch. Trocknung 406.
Bußmann (K. H.) u. **Schrimmer (P.),** Treibriemen u. Riementriebe (Jahresliteraturübersicht) 833.
Butier (C.) u. **Tjemmes (G.),** Benzinmotoren [17].
Butora (A.), Energieverbrauch bei Holzfällen 790. — s. Jančo (J.).
Butorin (I. M.), Statistik d. Mechanisier. u. Elektrifizier. d. Landwirtsch. [830].
Butyrin (A. V.), Anlage zur Bereitung v. Giftmischungen für d. Schädlingsbekämpfung u. zur Beschikkung v. Flugzeugen 486.
Bykov (B. A.), Futtermuser „PZG-2" 915.
Bykov (V.) s. Pugačev (A.).
Bystrickij (D. N.), Abyzov (E. I.) u. **Pečkovskij (G. A.),** Verwendung d. Vakuumpumpen-Asynchronmotors v. Melkanlagen als Notstromgenerator mit Antrieb durch Verbrennungsmotor 335.
Bytschwaroff (S.) s. Koleff (N.).

Čaban (I. K.), Gleichmäßigkeit d. Gebläseluftstroms für d. Reinigung d. Kombines u. sein Einfluß auf Verlust u. Reinigung d. Ernteguts 726. — Einige Ergebnisse v. Untersuchungen d. Radialgebläse v. Landmaschinen 1226.
Caivas (K.), Studie über d. Auslastung einiger bestehender Bauten für Zwecke d. großbetrieblichen Technologie in d. Rinderhaltung 1008.
Čajkina (T.), Rinderfarm für *600-1200* Kühe 1362.
Callin (G.), Zeitaufwand beim Pflanzen auf ehemaligem Acker- u. Weideland 1137.
Calverley (D. J. B.), Entwicklung d. Mechanisierung u. d. mechan. Förderns auf d. Farm. *1* Mitt. Mahlen u. Mischen 274.
Čalyj (V. P.) s. Piskozub (Z. I.).
Cammerer (J. S.), Voraussetzungen übereinstimmender Prüfapparaturen für d. Wärmeableitung v. Fußböden bei verschied. Inst. 389. — Messung d. Wärmeableitungen v. Wohnungsfußböden 497.
Cammerer (S.), Zählgerät für Serienmessung d. Wärmeschutzes v. Bauteilen in d. Praxis 118.
Cammilli (A.), Mechanisierung d. Tabakpflanzens 306. — Maschinelle Hackarbeit in Tabakkulturen 1240.
Campagne (P. van) s. Krijgsman (H. K.).
Campe (K. v.), Landwirtsch. Bauen in d. Türkei 491. — Bauen auf d. *47.* DLG-Ausstellung 519. — Ausstellungsschwerpunkte der Bausonderschau 825. — Landwirtsch. Bauen auf d. DLG-Ausstellung *1962* 826.
Campe (W.), Bau u. Umbau v. Mastschweineställen 260.
Camphausen (H.), Reinigung u. Desinfektion v. Rohrmelkanlagen 194.
Čanev (N.) s. Kovačev (T.).
Caparrini (P.), Neue Maschine zur Ernte d. Oliven 610. — Untersuchungen zur Leistungsfähigkeit v. Schleppern 692. — Neue Geräte d. Instituts für Landtechnik d. Universität Pisa für d. Erprobung d. Landmaschinen 836. — Bodenbearbeitungsversuche mit Pflügen u. Fräsen 1071.
Čaplygin (N. M.) u. **Šapiro (E. M.),** Traktor „T-*46* B" für Weinkulturen 1111.
Capstick (D. F.), Cost of harvesting hay in Western and Northwestern Arkansas [736].
Caregradskij (J.) u. **Želtov (E.),** Benzinsäge in d. Forstwirtsch. 368.
Carillon (M. R.), Problems of mountain farming [680].
Carlson (E. C.), Pflüge u. Bodenautomaten 35.
Casini (E.), Möglichkeiten zur Ernteverfrühung im Kürbisanbau 210.
Cassel (E.), Transportprobleme d. Kleinwaldwirtschaft in Südschweden 777.
Cate (H. R. ten.), Automat. Wasserversorgung in Gewächshäusern 206.
Catoni (P.) u. **Norrström (A.),** Wegenetz u. d. maximale Wegelänge bei direktem Holztransport zum Flößwasser 373.
Čazov (S. A.) s. Azin (L. A.).
Cechanovskij (A.) u. **Sjačin (V.),** Umstellung d. Lokomotiven v. Dampf- auf Dieselantrieb 360.
Čechovskoj (V. J.) s. Ginesina (E. M.).

Cederholm (M.) u. **Göthberg (E.),** Wahl d. Bügeleisens 341.
Cedrik (D. F.) s. Solomykin (A. P.).
Cerich (F. A.), Halbleitergerät für Registrierung v. Lufttemperatur u. Luftfeuchtigkeit in Brutapparaten 186.
Čerkašenko (I. I.) s. Rostovcev (N. F.).
Čermák (J.), Vollmechanisiertes Hochsilo mit breitem Durchmesser 268. – Landwirtsch. Bauten u. Transportfragen 655. – Landwirtschaftliche Experimentalbauten 1184. – s. Pytel (J.).
– u. **Pytel (J.),** Bau u. Mechanisierung von Rinderfarmen im Gebirge u. Vorgebirge [1013].
Čermak (Z.), Stahlbeton-Konstruktionen im ländl. Bauwesen d. ČSSR 640.
Čermnych (L.) u. **Cukerman (J.),** Ein Elektrodenwassererhitzer 1121.
Černenko (B.), Für alle Schweinefarmen komplexe Mechanisier. 668.
Černičko (A.) u. **Lachtionov (V.),** Futtermischer u. -verteiler 187.
Černikov (V. I.), Berechnung u. Prüfung d. Arbeitswerkzeuge eines Häufelgerätes 888.
Černjaev (N.) s. Rubcov (P.).
Černjak (A.) u. **Dobyšev (A.),** Pflanzmaschine „SKNB-4" 42.
Cernkov (V. I.), Neue Zuckerrübenkombines 901.
Černý (L.) s. Maleř (J.).
Černyšev (I. A.), Mechanisierte Säuberung d. Hiebsflächen v. Schlagresten 362.
Černyšev (I. N.), Entwicklung v. Transportmitteln 292.
Černyšev (V. V.), Mechanisierung d. Aufforstung ungerodeter Kahlflächen 215.
Cersovsky (H.) u. **Sonntag (S.),** Milchgewinnung auf d. Weide 1275.
Čertok (B. N.), Reibungskupplungen an elektrischen Anlassern 15.
Červinka (V.), Maschinensysteme in d. Landwirtsch. 1201.
Červinková-Jermanová (H.), Chemische Vertilgung v. Forstunkräutern [1321].
Českov (A. F.), Komplexmechanisierte Produktionsgruppen u. Brigaden [870].
Chačirašvili (G. A.), Sojnikov (F. A.) u. **Seryj (G. P.),** Großgeflügelställe mit Komplex-Mechanisier. 672.
Chaffin (W.), Duffin (R.), Hanes (G.) u. **Baumann (E.),** Beregnung v. Getreide in Oklahoma 33.
Chairov (Š. Š.), Quadratnestaussaat: D. diagonale Verlegen d. Meßdrahtes bei kleinem Nestabstand 1075.
Chajrullin (Š.), Neues für d. Bau v. Viehställen 1364.
Chajrullin (Š. Š.) u. **Prachov (L. P.),** Eine neue Fütterungs- u. Haltungstechnologie in d. Milchviehzucht 1185.
Chalmers (G. R.) u. **Kemp (D. C.),** Erntemaschine für Grünlandparzellen 45. – Erbsenpaler für Versuchsparzellen 571/2.
– u. **McKeggie (G. A.),** Schweinefutterkarren 584/5.
Chancellor (W. J.), Bildung v. Heupreßlingen durch Schlagwirkung 172.
Chang (Ch.), Einfluß verschieden großer Pflanzplätze auf d. Entwicklung d. Wurzelsystems u. d. Wachstum d. Kiefer auf Sandflächen 619.
Charalanov (S.) s. Gajdarov (N.).
Charitončik (E. M.) s. Spiridonov (K. M.).
Chazanet (L.), Silage-Motorsäge „RS-*200*" 750.
Chen (J. H. S.) u. **Bates (C. R.),** Beobachtungen an Pipelinemelkanlagen bezüglich ihres Einflusses auf d. Milchsäuerung 587/8.
Chichester (C. O.) s. Harper (J. C.).
Chil'ko (A.), Frontlader „PGT-*0,8*" 25.
Chládek (Z.), Helikopter im Pflanzenschutz 155.
Chlebnikov (I.) s. Gukin (V.).
Chlystov (I.), Karussellmelkstände 1365.
Chochlov (I. M.), Probleme d. Mechanisierung d. Ackerbaues im Gebirge u. Anforderungen an d. Traktoren- u. Landmaschinenbau 548.
Chramosta (M.), Landwirtschaftliche Bauten in Tabellen u. Ziffern [999].
Chramov (N.), Stählerne Freunde d. Forstmannes 358.
Chramov (N. V.), Wirksamkeit d. Motorsäge „Drushba" ist zu steigern 225.
Chripin (V. V.) s. Rappoport (D. M.).
Christov (M.), Mechanisierte Heuber-

gung auf Bergwiesen 559. — s. Gajdarov (N.).
Christova-Chajdutova (J.), Mechanisierungsstufe bei den landwirtsch. Arbeiten in Abhängigkeit v. den Natur- u. wirtsch. Verhältnissen (nach dem Vorbild d. MTS im Dorf Malewo und Kasitschene) 279.
Chronopulo (G.) s. Plavinskij (A.).
Chu (P.) s. Bilanski (W. K.).
Chusainov (F. G.) s. Levickij (I. I.).
Chutsch (W.), „Leca", neuer Außenbaustoff 247.
Chvalin (N. N.) s. Tumanov (I. I.).
Ciciv (M. V.), Sudit (Ž. M.) u. **Gronskij (A. I.),** Aerosolstäubegerät „OAN-*2* Rakete" 782.
Cigel' (V. G.) s. Osychoskij (I. G.).
Cimmerman (A.) s. Simonov (L.).
Čipilski (J.), Stabiler Anbaugrubber „*2,5*" 552.
Čistopolova (M. V.), Aggregat „AMK-*2,0*" zur Mischfutterbereitung in Kolchosen u. Sowchosen 187.
Claassen (T.), Poltern u. Lagern d. Stamm- u. Schichtholzes 1140.
Claesson (S.), Geländeplanieren 707.
Claus (H.-G.), Mechan. Zuckerrübenhacken; ein Blick in d. Praxis 42.
Cocov (I.), Wie soll d. Sommerbodenbearbeitung in d. Obstgärten mechanisiert werden 1115.
Coenenberg (H. H.), Abgerundeter Entwicklungsstand bei d. Triebwerken 857. — Einwirkungen d. Frontladers auf d. Schlepper 863. — Das „äußere" Schwingungsverhalten v. Ackerschleppern, insbes. ihre dynamischen Achslasten. I 1221. — Das „äußere" Schwingungsverhalten v. Ackerschleppern, insbes. ihre dynamischen Achslasten. II 1221.
Coles (R.), Stand d. Geflügelindustrie heute 441.
Coller (F. H. van.), Boltt's Siedekessel für d. Milchwirtschaft 1101.
Collier (K.), Leitfaden d. Überwachung v. Lebensmitteln tierischer Herkunft [1282].
Collins (S. H.) s. Bilanski (W. K.).
Comberg u. **Pechert,** Stallklima in Schweineställen 820.
Conkov (I.), Aerosolgeneratoren in d. Landwirtsch. [636]*.
Connola (D. P.), Sprühtests mit tragbarem Nebelblaser gegen Pissodes strobi Peck in New York 234.
Contius (H.), Das Seitenschneidwerk — ein wichtiges Hilfsmittel bei d. Ernte flachlagernder Leguminosen 892.
Cook (G. E.) s. Nelson, (G. L.).
Coolman (F.), Mechanization of poultry keeping [753].
Coomans (M.), Beheizung v. Gewächshäusern für d. Weintreiberei 352.
Cooney (J. F.), Fischgrätenmelkstände 258.
Cooper (S. W.), „Robot"-Pflanzmaschine; N.I.A.E.-Test 42. — Ugerlose-Hacke mit Steuervorrichtung — N.I.A.E.-Test 717.
— u. **Minto (S. D.),** Rotorhacke „Motohak"; N.I.A.E.-Test 165. — Werkzeug- u. Vorrichtungsträger „*943*" v. Massey-Ferguson; N.I.A.E.-Test 699.
Coppock (G. E.), Citrusernte durch mechanische Verfahren 949.
— u. **Jutras (P. J.),** Untersuchungen über eine bewegliche Pflückerplattform als Beitrag zu einer Teilmechanisierung d. Citrusernte 208.
Cormany (E. M.) u. **Wenger (A.),** Vergl. d. Reinigungsmethoden für Teppiche 200.
Cornelius (E.), Technisierte Entmistungsarbeiten im Rinderstall 191.
Cornish (J. J.), Zukünftige Möglichkeiten bei d. Konstruktion v. Landwirtschaftsflugzeugen 1061.
Corstiaensen (W. P. M.), Arbeitssaison d. Mähdreschers 174. — Mechanisierung d. Anbaues von Stoppelrüben 549.
Costache (N.), Am Schlepper angebautes Spritz- u. Stäubegerät „MSP-P" für Obstgärten u. Feldkulturen 614.
Cotter (D. J.) u. **Seay (R. T.),** Einfluß d. Luftzirkulation auf Klima u. Tomatenwachstum im Plastikgewächshaus 352.
Courshee (R. J.), Flugzeuge für d. Landwirtsch. *2.* Mitt. Auswahl d. Flugzeugtyps 291.
Coutsomitopoulos (G. P.) s. Göhlich (H.).
Cox (M. B.) s. Hauser (V. L.).
Cozzani (C.), Milchviehoffenställe in Italien 256.
Crawford (W. B.) u. **Bartlett (H. D.),** Mechanisches Eierverpacken 336.

Cremaschi (D.), Pflanzmaschine im Tabakanbau. Erprobung d. mechan. Pflanzens 425.

Cronau (W.), Bau u. Planung v. Schwemmentmistungsanlagen 518.

Cross (M. M.), Vergleich verschied. Maulwurfdränpflüge 871.

Crucq (J.), Mechanisierung d. Futterbaues in den Niederlanden 307.

Csávás (I.), **Mihályfalvy (I.)** u. **Toth (M.)**, Technik u. Organisierung d. Beregnung [1240].

Csiszár (V.), Melken u. maschinelles Melken [924].

Csorba (E.) u. **Szijjártó (O.)**, Behandlung, Instandhaltung u. Betrieb d. Geräteträgers „RS-*09*“ [1223].

Čubarin (M.), Pflanzmaschinen 41.

Cube (H.-L. v.), Kältetechnik (Jahres-Literaturübersicht) 843.

Čubov (D. S.), Einfluß d. verschied. Antriebsrädertypen auf die Zugeigenschaften d. Schleppers „MTZ-*2*“ 289.

— u. **Savčenko (N. Z.)**, Einsatz d. Schleppers „Belarus“ unter d. Bedingungen d. Polessje-Gebietes in d. Ukrain. SSR 147.

Čuchovski (J.), Saatgutbeizmaschine 995.

Cuciureanu (A.), Einstellung d. Einspritzdüse ohne Abnahme v. Motor 144.

Čudnovskij (A. F.) u. **Šlimovič (B. M.)**, Halbleitergeräte in d. Landwirtschaft [683].

Čuev (P. A.) s. Gorbov (N. F.).

Čugunkov (Ja. G.) u. **Martynenko (P. I.)**, Laborkugelmörser 687.

Cukerman (J.) s. Čermnych (L.).

Čumačenko (A. S.) s. Paščenko (V. Z.).

Čumačenko (I.), Mechanisierung d. Entnahme u. d. Aufladens v. Silage aus d. Flachsilo 328.

Čunarev (N.) s. Starikov (P.).

Cunningham (J. D.) s. Fleming (I. J.).

Cunningham (M. M. J.) u. **Rowell (J. G.)**, Wurde d. Isolierung überschätzt? 1351.

Čuprina (V.) s. Pčelkin (J.).

Čurbanov (I. S.), Maschinenträger „SŠ-*45*“ mit Aufbau-Erntemaschinen 409.

Cvetkov (V. V.), Arbeitsweise d. Diseleinspritzpumpe bei verschied. Kraftstoffen 842.

Czech (J.), Billige Gärfutterbereitung mit Erdfoliensilos 316.

Czeratzki (W.), Stoppelbearbeitung im Mähdruschbetrieb 708.

Czereyski (K.), Anwendungsmöglichkeiten d. Methode d. Stehendrodung v. Bäumen 104.

Dahir (A. G.) s. Beckwith (M. D.).

Dahse (F.), Kosten des Schleppereinsatzes 533. — Mechanisierung d. Fütterungs- u. Entmistungsarbeiten in d. Rinderhaltung 1271.

Dammann, Pflückschlitten im Einsatz beim Schnittholzsammeln 939.

Dani (A. de), Glasfaserverstärkte Kunststoffe in Großbritannien 4.

Dannemann (H.) u. **Fischer (H.)**, Sozialgebäude f. landwirtsch. Produktionsanlagen 124. — Offenstall im Gebirge 128. — Boxenliegestall für Milchkühe 398. — Stallbauten f. d. Milchviehhaltung 660. — Typenvorschläge für Abkalbeställe 819. — Über d. Bau v. Tierkliniken 1006. — Abkalbestall 1190.

Darabont (A.) s. Bölöni (I.).

Daskaloff (L.) u. **Koleff (N.)**, Der Gemüsebau [457].

Daskalov (A.), Bearbeitung d. Indikatorendiagramme v. Verbrennungsmotoren u. eine Methode zur Bestimmung d. polytropen Prozesse 839.

Daškevič (I. I.) s. Lukin (N. P.).

Datema (P.) s. Prummel (J.).

Davidenko (P. A.), Elektronenschema d. automatischen Kontrolle bei d. Holztrocknung [1317].

Davier (G. v.), Erfahrungen mit d. Bohnenpflückmaschine 436.

Davies (P. J.) s. Dougall (B. M.).

Davydov (P.), Neue Kartoffellegemaschinen 41.

Debraine (P.), Unités de mesure des grandeurs physiques [5].

Dechow (G.) s. Reusner (H.).

Decker (M.), Mechanische Siloentleerung 915.

Decker (R. W.) s. Kramer (H. A.).

Dedolph (R. R.), Ein Vorschlag für eine Methode zur Verrechnung v. Versuchswerten d. Exponential-Sprühgerätes (variable Dosierung) 934.

Dedolph (R. R.), Basham (C. W.) u. **Stark (F. C.),** Ein Exponential-Sprüher für Forschungsarbeit 954.
DeForest (S. S.), Anbaugerät zur Errichtung v. Drahtzäunen 322.
Dehne (E.), Neuestes v. d. Rübenernte 730.
Dehne (S.), Infrarot. Moderne Wärmequellen [1049].
Deichmann (v.), Einiges über amerikanische Waldbrand-Löschmittel 988.
Delver (P.), Flachgründige Böden. *2.* Mitt. Verbesserung flachgründiger Böden 936.
Demay (J.), Streugüte v. Mineraldüngerstreuern 38.
Demidko (M. E.), Arbeitsweise v. Kultivatoren u. Scheibenschälpflügen bei erhöhten Geschwindigkeiten 37.
Demidov (A. R.) s. Malis (A. J.).
Demidov (G. K.) u. **Kozlovskij (P. I.),** Senkung d. Energiebedarfes beim Pflügen 709.
Demin (J. P.) s. Volik (G. P.).
Demleitner (J.), Aufarbeitung v. Windbrüchen 972.
Dencker (C. H.), Landwirtsch. Stoff- u. Maschinenkunde [2]*.
Denning (H. L.) u. **Tate (M. T.),** Tiefkühlkost im Haushalt 198.
Derevenko (V. V.), Fursin (P. A.) u. **Frišman (V. S.),** Erfahrungen aus d. Verwendung d. Elektroantriebes für Erprobung v. Arbeitsteilen d. Maiskombine 1085.
Derjabin (D. I.), Einzelstammweise Nutzung in d. Praxis d. Forstwirtschaft 970. — Technologie d. Walderneuerungsarbeiten auf d. Grundlage d. Vollmechanisierung [1320].
Detzer (K.), Anwendung v. radioaktiven Isotopen in d. Technik 142.
Devai (J.), Entwicklung u. Produktion von Mähdreschern in d. Volksrepublik Ungarn 725.
Devine (E. S.), Untersuchungen über d. Produktivität v. Apfelaufbereitungshäusern 209.
Dewitz (F.), Rinderställe: kalt oder warm? 396.
Didenko (N. F.) s. Petrov (G. D.).
Didur (V. T.) s. Buryj (Z. P.).
Diest (N. v.), Versuche im Einfach-Wegebau mit hygroskopischen Salzen 498. — Einfache Bodenstabilisierung mit hygroskopischen Salzen 1355.
Dietrich (K.), Melklehre [335].
Dietz (P.) s. Steinlin (H.).
Diez (Th.), Feuchte- u. Dichtebestimmungen in Böden mit Hilfe v. radioaktiven Strahlen 1207.
Dimény (E.), Traktorenbedarf d. ungar. Landwirtsch. im Jahre *1965* 145.
Dimitrov (G.), Drahtrahmenunterstützung erleichtert d. Mechanisierung im Tomatenanbau 1112.
Dimitrov (J.) s. Gajdarov (N.).
Dimov (S.), Mechan. Verarbeitung v. Küchenabfällen 324. — Vorrichtung zum Festhalten d. Kühe bei d. Fütterung im Offenstall 444. — Mechanisierung d. Prozesse d. Schweinefütterung mit breiartiger Nahrung 445.
— u. **Gudev (R.),** Fördereinrichtungen für d. mechanisierte Beschickung d. Futterautomaten in d. Schweinemastfarmen 331.
—, **Gudev (R.)** u. **Šeriev (I.),** Mechanisierung d. Arbeitsprozesse in d. Tierzuchtfarmen [581]*.
— u. **Šeriev (I.),** Untersuchung u. Begründung d. Fütterungsart u. -einrichtungen bei Offenlaufstallhaltung d. Kühe 751.
Dingeldein (U.), Herd in d. modernen Landküche 197. — Heizung u. Warmwasserbereitung im Landhaushalt 1281.
Dittrich (G.) s. Meyer zur Capellen (W.).
D'jačenko (V.), Lagerungsmethoden für Gemüse 674.
Djadjuško (V.) s. Stradymov (F.).
Djatčin (A.) u. **Kravec (D.),** Obstbau- u. Weinbergtraktor 342.
Dłuski (S.) s. Borewicz (W.).
Dmitrewski (J.), Landwirtschaftliche Schlepper [865]. — Wie sind Landmaschinen zu bedienen? [1038].
Dmitriev (F.) u. **Krasnoščekov (N.),** Universaler Futterverteiler 918.
Dobert, Baudenkmal oder Werkstatt? 998.
Dobie (J. B.), Materialbehandlungssysteme für Heupreßlinge 47. — Produktion v. Heupreßlingen 1245.
Dobrescu (C.) s. Vulpe (I.).
Dobrochlebov (A. P.) s. Skundin (G. I.).

Dobromyslov (B.), Seilriese mit Pendel-Laufwagen 482.
Dobyšev (A.) s. Černjak (A.).
Dodillet (H.-J.), Künstliche Beleuchtung v. Pflanzen in Gewächshäusern 772.
—, Kind (W.) u. **Sommerfeldt (H.),** Versuche mit elektrischer Beleuchtung v. Pflanzen mit Wanderlicht [948].
Dölicke (E.) s. Blumenthal (R.).
Dölling (M.) s. Wehowsky (G.).
Dörhöfer u. **Krailling,** Raumkühlung im Eigenheim 760.
Dörling (E.), Erleichterung durch moderne Haushaltsgeräte. Arbeitsphysiolog. Untersuchungen 82.
Dörter (K.), Entwicklung d. Unterflurbewässerung unter bes. Berücksichtigung d. deutschen Verhältnisse 419.
Dohne (E.), Fragen um Ackerwagen u. Stallmiststreuer 1063.
Dokin (B.) u. **Surilov (V.),** Bodenfräsen zur Bearbeitung d. Zwischenreihen 304.
Dokin (B. D.) u. **Surilov (V. S.),** Verwendung v. Bodenfräsen für Hackarbeiten 1076.
Dokučaev (N. A.), Bulldozer mit 2 Schildern u. d. Nutzen seiner Anwendung beim Bau v. Bewässerungskanälen im Sandboden 299.
Doleckij (N. P.), Rationeller Einsatz des Schleppers „DT-54" 785.
Dolega (U.), Wärmephysiolog. bedingte Grenze u. d. Berechnung einer Infrarot-Raumheizung 79.
Dominick jun. (B. A.) u. **Stanton (B. F.),** Arbeitsverfahren bei d. Transport v. Äpfeln v. Baum zum Lager 1304.
Dominy (J. N.), Ratschläge für d. Ankauf neuer Betriebsgebäude 1176. — Stall-Modernisierung durch Umbau 1361.
Domsch (M.), Probleme d. Bodenbearbeitung [552]. — Kraftstoffeinsparung durch überlegte Fahrweise 690. — Erhöhung d. Schlepperzugfähigkeit durch Antischlupfeinrichtungen 696. — Bodenbearbeitung im Frühjahr im Hinblick auf d. Bodenfruchtbarkeit 708. — Neuere Geräte u. Maschinen für d. Bodenbearbeitung u. Stalldungausbringung in d. UdSSR 877. — Sicherung d. termingerechten Bodenbearbeitung durch bessere Einsatzbedingungen für Gerät u. Schlepper 878. — s. Blumenthal (R.); Schlünsen (D.).
Dorochov (B. A.) u. **Icikov (G. B.),** Verbesserungen im Straßenbau 1337.
Dorofeev (P.) s. Mazurenko (A.).
Doromby (L.), Fekete (J.) u. **Mohácsy (K.),** Erfahrungen beim Bau v. Rohrbrunnen für landwirtsch. Bewässerung 160.
Dorn (P.), Bruthygiene 748.
Dostal (D.), Schlepper für den Forsteinsatz 95.
Doubt (P. D.), Kanalauskleidungen im Lichte d. Schleppspannungstheorie 33.
Douda (M.), Landmaschinen auf d. 3. Internationalen Messe in Brno 997.
Douda (V.), Holzentrindung v. Gesichtspunkt gegenwärtiger u. perspektiver Möglichkeiten d. Forstwirtschaft 1144.
Dougall (B. M.) u. **Davies (P. J.),** Ein Vergleich d. Wirkung rotierender u. herkömmlicher Bodenbearbeitung 878.
Douglas (W.S.), Vorteile bei Vermarktung v. standardisierten Tafeltrauben in Einwegbehältern 356.
Dowe (H.), Einfluß d. Ausnutzung auf d. Kosten für d. Wiederherstellung d. Betriebstauglichkeit landwirtsch. Maschinen u. Geräte 683.
Dragučan (V.), Fragen d. Transportmechanisierung in d. Landwirtschaft 543.
Drakin (V. P.), Flachsraufmaschine „LK-4M" 177.
Drechsler (K.), Untersuchungen an Schleppersitzen 864.
Dreissig (M.), Instandsetzung d. Wirtschaftswege in d. LPG „Einheit" Elster 1356.
Drenth (A. van), Elektr. Anforderungen an d. Regelgeräte v. Ölheizungsanlagen 608.
Dressel (P.), Einmann-Motorkettensäge; heute und morgen 368.
Dressler (M.) s. Štaud (V.).
Dressler (Mirko), Probleme der Drahtseilwinde bei leichten Transportseilbahnen 1147. — Neues über d. Entwicklung d. Rückeseilbahnen „VLu 4" 1330.
Drever (J. G. J.), Maschinenschuppen

mit Werkstatt für den landwirtsch. Betrieb 271.
Dricot (C.), Wirtschaftlicher Einsatz v. Landmaschinen 6.
Driedger (R. L.) s. Bigsby (F. W.).
Drong (I. I.) u. **Belov (S. M.),** Über d. Selbstausrücken v. Zahnradkupplungen in Traktorgetrieben 860.
Drozdov (N. I.), Optimale Geschwindigkeit d. Schneidwerke v. Grasmähern 719.
Drozdov (M. I.), Säapparat 621.
Dubovskij (N. V.) u. **Parchomenko (E. S.),** Erfahrungen bei d. Nutzung eines neuen Geflügel-Zuchtstalles 822.
Dubrovskij (A. A.), Moderne Probleme d. Landtechnik [2]. — Anwendung d. Vibration zur Senkung d. Zugwiderstandes von Landmaschinen 551.
Dudarev (M. A.) s. Pljaščenko (S. I.).
Dudík (D.), Feldtransporte in Landwirtschaftsbetrieben 412.
Dudko (V. I.) s. Kusov (T. T.).
Dudyk (L. Ja.), Billige Gebäude für Besamungsstellen 663.
— u. **Fenenko (A. I.),** Melkkarussell 1191.
Dünnebeil (H.), Entwicklung der Pflanzenschutzgeräte in d. DDR 107. — Technik d. Schädlingsbekämpfung 779.
Duffin (R.) s. Chaffin (W.).
Duffin (R. B.), Beregnung in Oklahoma 298. — Pumpenanlage für d. Bewässerung 300.
Dukát (E.) s. Hančik (F.).
Dunglas (J.), Einsatz v. Seil- u. Hydraulikbaggern im landwirtsch. Wasserbau 157.
Dunn (D. F.) u. **Fitzsimmons (C.),** Faktoren, die d. häuslichen Wasserbedarf beeinflussen 195.
Dupont (R.), Piel-Desruisseaux (J.), Preuschen (G.) u. **Röhner (J.),** Symbola [401]*.
Dupuis, Schlepper sollen d. Gesundheit d. Fahrers schonen 1110.
Dupuis (H.), Bequem fahren — auch mit Schlepper? 847. — Gute Schleppersitze — lohnend für Händler u. Landwirt 864.
— u. **Broicher (H.-A.),** Meß- u. Bewertungsverfahren für d. menschliche Belastung beim Arbeiten mit Einachsschleppern 535.
Durov (V. K.), Zarkov (V. P.) u. **Pščenkov (K. A.),** Maschinen zum Auf- u. Entladen sowie zum Transport landwirtschaftlicher Lasten [1065].
Dusautois (R.), Der internationale Tag v. Boistrancourt 243.
Dušek (A.) s. Polenda (J.).
Dyer (C. A.), Automat. Regelung 281.
Dylla (A. S.) u. **Tovey (R.),** Behälter aus Plastikfolien für Verdunstungsbestimmungen 688.
Dziedzic (Wojciech), Landwirtschaftliche Zirkel als Mittelpunkt für d. Mechanisierung d. Dorfes [831].
Dzjubenko (P. K.), Verbesserung d. Lüftung in Schweineställen 1192.
Dzjublo (A. F.) u. **Marčenko (V. I.),** Maschinenkomplex für d. Hybridisierungsfelder 313.

Eberhardt (M.), Einige Gedanken zur Bodenschnelltrocknung 560.
— u. **Mätzold (G.),** Technische u. arbeitsökonomische Einschätzung neuer u. weiterentwickelter Zuckerrübenerntemaschinen 1255.
Ebermann (G.), Anbaufräse mit *1,80* m Arbeitsbreite 1114.
Ebisch (D.) u. **Erler (M.),** Spannbetonstützen für Mastenbauweise in d. Landwirtsch. 494.
Eckert (E.), Zur Aufarbeitung d. Windwurfholzes in d. niedersächsischen Forstämtern 971.
Ede (A. N.), Neue Methoden d. Felddränage 1231.
Edel'štejn (V.) u. **Muratova (E.),** Neues in d. Agrotechnik v. Saatzwiebeln 937.
Eder (F. X.), Probleme d. Tiefsttemperaturtechnik 689.
Edminster (T. W.) u. **Ryerson (G. E.),** Rodemaschinen 1069.
Edwards (E. D.), Mängel in d. Konstruktion u. Bewirtschaftung geschlossener Schweineställe 668.
Effenberger (K.), Methodik d. Dokumentationsbearbeitung v. Patentschriften 679.
Éfros (V. V.), Katol'nik (V. M.) u. **Stolbov (M. S.),** Kühlsystem d. Motors „D 37 M" 285.
Egorov (B.), Schöpfer neuer Technik 359.
Egorov (O. P.) s. Michajlov (D. M.).
Ehrenhardt (H.) u. **Grosser (H.-U.),**

Neue technische Erkenntnisse bei d. Schädlingsbekämpfung im Weinbau 1312.

Ehrhardt (J.) u. **Schorcht (A.),** pH-Registrierregler-Gerät zum Messen, Registrieren u. automatischen Regeln v. pH-Werten 836.

Eichholtz, Schlegelfeldhäcksler Fl *140* als „Buschhäcksler“ im Obstbau 461.

Eichhorn (H.), Mähdrescher in d. Grassamenernte 48. – Zur betriebseigenen Trocknung v. Futterpflanzensämereien 578. – Typentabelle Sammelpressen 1081.

– u. **Sedlmeier (M.),** Ein neues Boxenlaufstall-System f. Rinder 1186.

Eichler, Bauphysikal. Entwurfsregeln 383. – s. Rudolph.

Eichler (Ch.), Grundlagen d. Spezialisierung v. Instandsetzungsbetrieben [684]*. – Richtige Pflege u. Abstellung d. Landmaschinen – d. entscheidende Hebel zur Senkung d. Instandsetzungskosten 684. – s. Nitsche (K.).

Eichler (F.), Bauphysikalische Entwurfsregeln 1001.

Eichler (Friedrich), Kaltdach richtig u. falsch ausgeführt 249.

Eifler (R.), Neuentwicklung v. Tragrahmen für Hackwerkzeuge in Baukastenkonstruktion 717. – s. Hertwig (W.).

Eilfort (K.), Einrichtungen im Hühnerstall. *2.* Folge 1026; *3.* Folge 1026.

Eisenreich (L.), Melk- u. Kühltechnik für d. Bauernhof 1275.

Eisold (S.), Zwischennutzung v. Jungrinderoffenställen für d. Entenmast 133.

Eitelgörge (O.), Ökonomie u. Technik bei d. Anwendung der techn. Grünfuttertrocknung 315. – Mechanisierung d. Arbeitsprozesse in d. Rinderhaltung – vom Standpunkt d. Praxis betrachtet 579.

Ekeberg (H.), Kommunale Gemeinschaftsplanung in Wasser- u. Kanalisationsfragen 122.

Ekesbo (I.), Hygiene u. Gesundheit d. Tiere 1187.

Eklundh (M.), Rückenschäden bei Waldarbeitern 366.

Elbe, Aufbereitung u. Vermarktung v. Kartoffeln 578.

Elbe (G.), Einlagern u. Aufbewahren in Kartoffellagerräumen 135.

Elderen (E. van), Länge u. Breite einer Parzelle 1044.

Eleckij (A. I.) u. **Popov (I. E.),** Verbesserung d. agrotechn. Kennwerte d. Pflügens 302.

Elema (H. M.), Einige neue Mähdreschertypen 893. – Einige Erfahrungen der Ernte *1962* 894.

Elenev (A. V.) s. Balevski (K. I.).

Elfving (T. M.), Konstruktion u. Betrieb eines luftgekühlten thermoelektr. Kühlschranks 198.

Eliseev (K. M.), Ortsfeste Vieh-Duschanlage „SDU-G“ 445.

Elle (K.), Untersuchung d. Trocknungsverhältnisse bei Schnittabak 439.

Ellena (C.), Erfahrungen mit Frostberegnungen, Bewindung u. Heizung bei Frühjahrs-Spätfrösten in Südtirol 1131.

Ellison (W.), Maschinen zur Verbesserung d. Graslandes 551.

– u. **Warboys (I. B.),** Rolle d. Maschinen zur Erhaltung u. Verbesserung d. Graslandes 1227.

Elofsson (T.), Einige baurechtl. Gesichtspunkte in Schweden 117.

Elrod (J. C.) u. **Russell (J. R.),** Manufacturing-grade milk production in the Piedmont of Georgia [1279].

Emch (F.), Kleingeräte für d. Verwertungsgewerbe 779. – Mechanisierung d. Bodenarbeit im Rebbau 1116.

Emel'janov (B.) s. Šošin (N.).

Emel'janov (V. A.), Gammastrahlen u. Neutronen in Feld-Boden-Meliorationsuntersuchungen [1077].

Emmert (E. M.), Verwendung v. Plastikstoffen im Gartenbau 769.

Endres (R.) s. Stoeckhert (K.).

Engel (B.) s. Mueller (G.).

Engel (D.) s. Krahnstöver (K.).

Engel (G.) s. Schick (W.).

Engel (H.), Versuche zur Austriebspritzung v. Hubschrauer aus 994.

Engel (R.), Schwierigkeiten d. Schlepper- u. Geräteeinsatzes am Hang 940. – s. Preuschen (R.).

– u. **Hübner (R.),** Beeinflußt d. Rigolen d. Bodenstruktur? 84.

England (C. B.) u. **Lesesne (E. H.),** Forschungsarbeit über Verdunstungsvorgänge im westlichen Nord Carolina 687.

Enjouvin (H.), Obstgenossenschaft in Saint-Andiol-Bouches-du Rhône 1030.
Enstipp (H.-J.), Aussiedlungshöfe, Nebenerwerbsstellen u. ihre Baugestaltung 1006.
Eötvös (L.), Transportmittel in d. Landwirtsch. 701.
— u. **Gockler (L.),** Kostenanalyse d. landwirtschaftl. Maschinenarbeiten [1046].
Eppendorfer (K.) s. Schröder (W.).
Ėpro (V. R.) u. **Nejland (G. K.),** Betriebserfahrungen mit d. Schwingsiebroder Typ „KVN-*2*" 897.
Erdélyi (E.) s. Lang (G.).
Eremeev (J. D.), Elemente d. Theorie d. Aufbaues d. Arbeitswerkzeuge d. Rübenvollerntemaschinen 315.
Eremin (I. P.), Neuer Pflug (mit *2* Streichblechen) f. d. Kahlschlag 363.
Eriksson (B.), Jahresversammlung des Schweinezüchtervereins d. Provinz Örebro (Schweden) 129.
Eriksson (J.), Boden u. Maschinen 540.
Erlecke (K.-H.) s. Seidel (E.).
Erler (M.) s. Ebisch (D.).
Ermich (D.), Über einige Fragen d. zweckmäßigen Bearbeitung schwerer Böden im Süden d. DDR 877.
Ermolaeva (A. N.), Technik in d. Landwirtsch. [521].
Ernst (G.), Kühlschrank u. seine Technik 198.
Ernst (M.) s. Menzel (W.).
Erochin (N. G.), Modernisierte Hackfruchttraktoren „T-*28*" 287.
Ėškov (I. N.), Der Landmaschinen- u. Traktorenbau im Jahre *1963* 829.
Esmay (M. L.) s. Misra (R. D.).
— u. **McGinty (R. J.),** Meßverfahren d. Spitzenbelastung d. Menschen bei d. Arbeit in d. Landwirtsch. 680.
Essen (H. van), Arbeitsverfahren beim Roden v. Kartoffeln 569. — Arbeitsmethoden beim Ernten v. Kartoffeln 1253. — s. Hoogendoorn (N.).
Est, Holztransport mittels Eisenbahn 628.
Ettelman (D.) u. **Hoberman (M.),** Drehmomentenmesser 1046.
Evans (L. T.) s. Morse (R. N.).
Evers (P.-N.), Mechan. Unkrautbekämpfung in Zucker- u. Futterrüben 426. — Maschinen für d. Zuckerrübenbau 548/9. — Zuckerrübenerntemaschinen — DLG-Bericht *1962* 730. — Neuzeitliche Zuckerrübenernte 732. — Untersuchungen zur Längsverteilung v. Rübensamen in d. Saatrinne bei Einzelkornsaat 1236. — s. Heller (C.).
Evreinov (M. G.), Luŕe (L. S.), Skarbilovič (T. S.), Smirnova (I. S.) u. **Ter-Simonjan (L. G.),** Erfahrungen d. Bodensterilisierung durch γ-Strahlen 1132.
—, Tichomirov (V. G.), Smirnova (I. S.), Tjutjunnikova (V. A.) u. **Koževnikova (I. F.),** Saatgutbereitung mit hoher Wechselspannung 1262.
Evstifeev (N. M.) s. Kaculas (K. Ja.).

Fabig (F.), Züchtung v. Gemüsesorten, d. eine Mechanisierung d. Ernte begünstigen 1121.
Färber (A.), Untersuchungen an Gelenkwellen 276.
Falke (H.) s. Franzke (H.).
Fanfaroni (F.), Geräte für chem. Unkrautbekämpfung 379.
Fanning (K.) s. Matson (W. E.).
Farlandi (C.), Entwicklung u. Perspektive d. mechanischen Bodenbearbeitung 1070.
Faust (E.), Mechanisierung d. Holzerntearbeiten u. ihre Auswirkung auf den Forstbetrieb 365.
Favilli (R.), Über einen neuen Typ d. Hydroponikanlage mit Staubewässerung eines einzigen Beckens mit zentraler Versorgung 89.
Fedjukov (M. F.) s. Šrejder (M. N.).
Fedorov (A.), Karussellmelkstand 664.
Fedorov (A. A.), Rücke- u. Verlademaschine 229.
Fedorov (V. A.), Automatisierung d. Arbeitsvorgänge v. Traktoraggregaten u. Landmaschinen 679.
Fedorova (G. R.), s. Rajchlin (Ch. M.).
Feiffer (P.), Näher zur optimalen Leistungsgrenze im Mähdrusch 563. — s. Lampeter (W.).
— u. **Klöting (E.),** Gedanken zur Theorie, Berechnung u. Konstruktion v. Mähdreschern unter Berücksichtigung d. Sorteneinflusses. Teil *2*. 724.
Feiks s. Leuenstein (A.).
Fejes (S.), Moderner Großbetriebs-Obstgärten [203].
Fekete (I.) u. **Lakosi (J.),** Öntözéses gazdálkodás [888].

Fekete (J.) s. Doromby (L.).
Feldman (G.), Traktor- u. Landmaschinen-Sicherheitsleuchten 864.
Feldmann (F.), Eindrücke vom „Pariser Salon" 110.
Fenenko (A. I.) s. Dudyk (L. Ja.).
Feodoroff (A.), Eignung d. Böden für eine Maulwurfdränung 297.
Fere (N. Ė.) s. Ponimaš (P. I.).
Ferez (K. I.) u. **Sljussarev (M. G.)**, Mechanisierte Rodung v. Kahlschlägen im Forstwirtschaftsbetrieb Manytsch 1137.
Feuerlein (W.), Bewertungsmethoden für d. Pflügen 36. — Neue Geräte für d. Bodenbearbeitung 876. — Bodenbearbeitungsgeräte auf d. DLG 876.
Fewson (D.), Automatenfütterung d. Schweine 331.
Fezer (E.), Motor. Kennwerte in graph. Darstellung als Vergleichsgrundlage für Diesel-Hubkolben-Maschinen aller Größen 16.
Fiala (H.) u. **Springenschmid (R.)**, Bodenverfestigung mit Zement im Wirtschaftswegebau 649.
Fialkovskij (P. G.), Grundlagen d. Projektierung v. Entwässerungssystemen für d. Landwirtsch. 301.
Fialkovskij (V. I.) s. Budagov (A. A.).
Fichtner (W.), Höheres Tempo im landwirtsch. Bauen 114. — Baubrigaden mit eigenem Ziegelwerk 827. — Altbaunutzung im ländlichen Bauen u. staatliche Leitung 1168.
Fiedler s. Seidel (E.).
Fiedler (H.), Elektr. Molkerei-Ausrüstung in Planung u. Bauausführung 503.
Fielder (F.), Thermosyphon-Heißwasserbereitung 589. — s. Bettenay (R.).
Filev (F.), Untersuchung u. Begründung von Traktorenkennwerten bei d. Hangflächenbearbeitung 533.
Findra (F.), Ausspuren v. Traktor-Anhängerzügen 1058.
Fink (K.), Meßtechnik bei Umformungs- u. Fertigungsprozessen 835.
Finkelstein (B.), Forschungen über d. Raumfahrt: Ernährung u. Technologie d. Nahrungsmittel 763.
Finkel'štejn (S.), Betondecke für Straßen 633.
Finn-Kelcey (P.), Neue Methoden d. Heuwerbung in d. USA. Waffeln senken Verluste u. Arbeitsaufwand 1246.
Finsterbusch (H.) s. Schumm (H.-R.).
Finzel (H.) s. Fischer-Gurig (A.).
Firsov (N. V.) s. Petrov (G. D.).
Fischer, Landwirtsch. Arbeitsverkehr; eine Einheit 26.
Fischer (D.), Seilwinden im Forstbetrieb 104. — s. Pentzold (H.).
Fischer (F.), Hofeigene Schrot- u. Mischanlagen 326.
— u. **Beda (J.)**, Künstliche Bestandesbegründung unter besonderer Berücksichtigung d. Ballenpflanzverfahren 364.
Fischer (Franz), Warmwasserverbrauch in Wohnungen — durch Messungen ermittelt 1103.
Fischer (F.), Mähdrescher mit Korntank ermöglicht Einmann-Arbeit 1083.
Fischer (H.) s. Dannemann (H.).
Fischer (K.), Durch Feldberegnung erhöhte u. sichere Ernten. *1.* Mitt. 298; *2.* Mitt. 298.
Fischer (L. J.), Deckenleisten-Heizung 927.
Fischer (W. A.), Mehr Eier mit weniger Futter. Automatische Be- u. Entlüftung eines Hühnerstalles? 1025.
Fischer-Gurig (A.), **Finzel (H.)** u. **Giering (H.)**, Technisch-wirtschaftliche Kennzahlen (TWK) zur Planung d. Arbeit in LPG u. VEG 835.
Fišman (Ja. N.), Kombinierte Getreidebelüftung 1264.
Fitzsimmons (C.) s. Dunn (D. F.).
Flach (F.), Maschinenverwendung in d. Landwirtschaft 1037.
Flegg (P. B.) u. **Gandy (D. G.)**, Klimagesteuerte Kabinen für Versuchszwecke mit Champignons 1117.
Fleißner (A.), Selbstfahrender Frontschiebesammler für steiles Grünland 891.
Fleming (I. J.) u. **Cunningham (J. D.)**, Lattenrostfußböden für Rindviehställe 815.
Flesch (G.), Wirtschaftlichkeit v. Geräteträgern u. Triebsätzen 152.
Fletcher (E. H.) s. Lehmann (H. A.).
Fliege (K. H.), Bewässerung u. Pflanzentransport mit einer Anlage? 609.
Fliger (N.), Anlage zur Bereitung v. Giftbrühen 486. — s. Kučer (P.).
Florencev (E. I.), Rotierende Schrau-

benflächen für d. Tabakblatternte 180.
Fluck (M. F.) s. Tukey (L. D.).
Förster (A. E.), Wirtschaftsgebäude heute und morgen 998. — Funktionsgerechte Gebäude für Schweinezucht u. -mast 1015.
Förster (E.), Landwirtsch. Bauformen v. morgen 381.
Förtsch (Ch.), Aufstellen einer exakten Wärmebilanz — eine Voraussetzung für d. optimale Temperaturhomogenität in Mehrzweckgewächshäusern 1296.
Foltinek, Landwirtschaftliche Trocknung in Österreich 904.
Foltinek (H.), Ergebnisse von Untersuchungen zur Einsparung an Vereinzelungsarbeit im Zuckerrübenbau 555. — Arbeitseinsparung im Futterrübenbau 731.
Fomičev (A. M.) s. Gluchovskij (V. S.).
Ford (H. W.), Ein Handgerät zur Bestimmung d. Höhe u. Breite v. Zitrusbäumen 1283.
Forsberg (G.), Technische Neuheiten im Forst 980. — Holztransport mittels Hubschrauber 1148.
Forester (S.), Leichte einseilige Seilbahn 479.
Fossen (L. van) u. **Stoneberg (E. G.),** Welche Kosten erfordern d. Ernte, Trocknung u. Lagerung v. Mais? 896.
Francis (G. A.), Fenster im Mauerwerk 810.
François (S. A. R.) s. Koning (K. de).
Frank (G.), Zweijährige Ergebnisse in d. Durchführung d. Hühnerintensivhaltung auf Tiefstreu in d. LPG „Neues Leben“ in Gräfentonna 583.
Franke (R.), Schlepper — gestern, heute u. morgen 533. — Schlepper in München 533. — Schlepper mit Vierradantrieb 1217.
Fraser (A. K.) u. **Lugg (G. W.),** Work study in agriculture [279].
Franz s. Grund (H.).
Franzke (H.), „EZ III“ u. „EZ IV“, zwei moderne Elektrozaungeräte 185.
— u. **Barth (E.),** KDT-Arbeitsausschuß-Elektrozaunanlagen im Fachverband Land- u. Forsttechnik. Aufbau u. Betrieb v. Elektrozaunanlagen [1100].
—, **Falke (H.)** u. **Grimm,** Arbeitsaufwand u. Kosten d. Aufbaues verschied. Weidezäune 70.
Franzke (L.) s. Stoeckhert (K.).
Frederich (W.) s. Schumm (H. R.).
Freiherr (H.), Stallmist u. Jauche im modernen Betrieb 191.
Freiherr (Hans), Getreide fördern, trocknen u. lagern auf d. Hof 1089.
Freitag (H.), Untersuchungen an d. Kältespeicheranlage „KSA *500* L“ zur Milchkühlung 923.
Frese (H.), Bewährte alte u. neue Geräte für d. Frühjahrsbestellung 877.
— u. **Altemüller (H.-J.),** Über einige morphologische Beobachtungen an Pflugsohlen 882.
Freudenberg (F.) s. Vogel (G.).
Freudenberg (G.), Anwendung d. Bodenstabilisierung im land- u. forstwirtsch. Wegebau 121. — Erfahrungen mit d. Bodenstabilisierung im Wirtschaftswegebau 647. — Bodenstabilisierung — bestimmende Bauweise für Wirtschaftswege 1356.
Frey (J.) u. **Krupp (G.),** Ein neuer Laufstall zur Milchviehhaltung (Hecklinger Boxenstall) 1011.
Friebel (J. P.), Krafteinleitung bei Konstruktionen aus dünnwandigem Stahlrohr im Landmaschinenbau 523.
Fricke (K. H.), Kraftfahrzeuge im überbetrieblichen Einsatz bei neuen Verfahren d. forstlichen Bodenbearbeitung 217.
Friedl (F.), Planung d. sanitären Anlagen im bäuerlichen Wohnhaus 1004.
Friedrich (A.), Baumscheibenfräsgerät Typ SWO-*2*; ein weiterer Schritt zur Mechanisierung 348.
Frišman (V. S.) s. Derevenko (V. V.).
Fritsche (R.), Lehre u. Forschung auf d. Gebiet d. Standardisierung in d. Forstwirtschaft 1133.
Fritzsch (K.), Zuckerrübenaussaat mit d. Einzelkornsämaschine „A *765*“ 1237.
Fritzsch (R.), Technik u. Technologie d. Pflanzenerziehung in den Forstbaumschulen d. Staatl. Forstwirtschaftsbetriebe 97. — Maschinen u. Geräte für d. Mechanisierung d. Forstbaumschulen 216. — Steinsammelmaschine „Pixtone“ 1320.
Fritzsche (E.) u. **Liebscher (A.),** Auf-

baugerät für den Motormäher „Rasant“ zur Rasenansaat 87.
Fritzsche (O.), Beregnungstechnik u. Nährstoffverregnung 419.
Froehlke (A.), Geräte für d. Forstwirtschaft auf d. *29*. Posener Messe 990.
Fröhlich (G.), Einsatz landwirtschaftlicher Geräte u. Traktoren d. DDR in den Republiken Ghana u. Guinea 830.
Fröhlich (W.), Zur Organisation u. Methodik d. landtechnischen Ausbildung in d. sozialistischen Großbetrieben d. Landwirtschaft 1038.
Frohner (W.) u. **Weinmeister (B.),** Österreich. Erfahrungen bei d. Bandspritzung im Zuckerrübenbau 238.
—, Weinmeister (B.) u. **Bronner (H.),** Österreich. Erfahrungen beim Bandspritzen im Zuckerrübenbau 635.
Frolov (A.), Anhängevorrichtungen für den Traktor 215.
Frolov (A. V.), Mechanisierung d. Holzeinschlages 223.
Frolov (V.), Mechanisierung d. Meliorationsarbeiten 415.
Frost (K. R.), Druckwaage für Verdunstungsversuche 11.
Frydag (v.), Ein rentables Baudenkmal 1182.
Fryrear (J. I.) s. Nelson (G. L.).
Fuge (R. B.), Gute Nester bedeuten höhere Erlöse für d. Eier 133.
Fujihira (U.) u. **Tanaka (T.),** Betriebstemperaturen an Einspritzdüsen 1210.
Fukala (E.), Verwendung von Plastwerkstoffen im Gemüsebau 462.
Fulda (E.), Rüben bestellen u. pflegen 1073. — s. Preuschen (G.).
Fulda (Eckart), Fahrzeuge u. Ladegeräte — DLG-Bericht *1962* [545].
Funk (D.), „F-*23*“ ist bald produktionsreif 1062.
Fursin (P. A.) s. Derevenko (V. V.).

Gaas (A. A.), Einfluß d. Rückens mit Seilwinden auf d. Erhaltung d. Unterwuchses 478.
Gabesam (F.), Gerätebeschreibung d. Kärcher-Dampferzeugers 1132.
Gabler (E.), „Impulsa“ Rohrmelkanlage zur Vollmechanisierung d. Milchgewinnung in Anbindeställen 1276.
Gábos (Z.), Mangeron (D.) u. **Stan (I.),** Die Grundlagen d. Mechanik [833].
Gabovič (S. A.) s. Voronin (M. I.).
Gäde (P.), Dem Offenstall gehört d. Zukunft 255.
Gäth (R.) s. Stoeckhert (K.).
Gätke (R.), Rationalisierung d. Landmaschinenprüfwesens in d. DDR 281. — Methodische Gesichtspunkte zur Rationalisierung d. Landmaschinenprüfwesens in d. DDR 835.
Gajdarov (N.), Maslinkov (I.), Monov (I.), Christov (M.), Charalanov (S.) u. **Dimitrov (J.),** Mechanische Maisernte 567.
Galambos (J.), Verbesserung d. Arbeitsfähigkeit d. Universalschlepper durch Anbaugeräte 146.
Galanin (B.), Bei ländlichen Energiearbeitern 1178.
Galensa (F.), Grassilage u. Druckfahrtsilo 316. — Kunststoff-Folien, eine wertvolle Hilfe bei der Gärfutterbereitung 740.
Galiën (M. van d.), Tropfengröße u. Ausbringmenge beim Spritzen 487.
Galkin (A. F.), Bestimmung d. Lebensdauer d. Mähbalkens v. Grasmähern 309.
Galkin (V. I.), Aussaat mit d. Einzelkornsämaschine 168.
Galli (A.), Anlegen eines Sportzentrums im Dorf 646.
Gallwitz (K.), Dräntechnik heute 871.
Gallwitz (Karl), Flugzeug als Landmaschine 1224. — Die technischen Probleme d. maschinellen Dränung 1230.
Gamalickij (V.), Mechanisierte Entmistung 75.
Gamalickij (V. A.), Mechanisiertes Dunglager 75. — Ein mechanisierter Schweinemaststall mit einem neuen Fütterungsverfahren 1018.
Gamerdinger (O.), Milchwerk in Hallenbauweise 503.
Gandel'sman (M.) u. **Privalovskij (K.),** Gemüselagerraum aus Stahlbeton-Montageteilen 266.
Gandy (D.) s. Flegg (P. B.).
Gane (R.) u. **Shrimton (D. H.),** Zweistufige Geflügel-Gefrierverfahren 80.
Ganelin (A.), Elektronik im Dienste d. Landwirtsch. 273.
Ganelin (A. M.) s. Slavin (R. M.).

Ganin (V.), Gewächshäuser aus Eisenbetonfachwerk 770.
Ganopol'skim (I.), Einfache Bauten zur wasserlosen Haltung v. Enten 1369.
Ganske (W.), Luftbild, ein Hilfsmittel für d. Planer 1353.
Garben (R.), Futterlagerung auf d. Hof 1028. — Maschinenmelken bei d. Laufstallhaltung 1100.
Garmatjuk (V. K.), Aggregate zur Direktabfuhr d. Holzes 373.
Garton (J. E.), Wirtsch. Entwurf nichtarmierter Betondruckrohrleitungen für Bewässerungsanlagen 33.
Gast (T.) s. Stoeckhert (K.).
Gaus (H.), Landmaschinenprüfungen. Wünsche u. Möglichkeiten 141.
Gavrilenko (G. G.) u. **Sińkevič (M. S.)**, Regeneration d. Wälder Kareliens 103.
Gavrilov (I.) u. **Blinov (O.)**, Wegebau — billig und gründlich 1337.
Gavrilov (V. P.) s. Barvenko (P. I.).
Gebert (W.), Beton in neuer Form 1171.
Geerts (W.) u. **Knoups (F. H.)**, Grondwerken, terreinmeten en waterpassen [301].
Gehrke-Marten (G.), Zukunftssichere Lichtinstallation in jeder Wohnung 1105.
Geisler (D.) u. **Henker (W.)**, Ökonom. Betrachtungen zum Einsatz des „RS *09*" zur Kampbewirtsch. im Staatl. Forstwirtschaftsbetrieb Torgau 96.
Geisthoff (H.), Überlastkupplungen in Landmaschinen 682.
Geleynse (J.), Relative Feuchtigkeit — Messung u. Kontrolle im Kühllager 951.
Geller (L.), Traktorfahren u. Gesundheit 847.
Gendler (L. F.), Mechan. Holzaufbereitung in Transkarpatien 472.
Gentet (M.), Materialauswahl v. XXXII. Landmaschinensalon 357.
Genzsch (E. O.), Bau u. Ausrüstung v. Trocknungsanlagen 517.
George jun. (J. E.) u. **Jensen (M. C.)**, Motorgetriebene Maschine zur Bodenprobeentnahme 405.
Georgeson (E.), Arbeitserleichterungen bei d. Milchviehhaltung 662.
Georgiev (A.), Mechanisierung bei d. Gemüsesaat 1114.
Gerabek (K.), Landwirtschaftliches Meliorationswesen in Österreich 870.
Gerasimčik (V. G.), Bestimmung d. Parameter u. Type v. Kupplungen für d. Bodenbearbeitung in Obstgärten 460.
Gerasimov (B. S.) s. Kiščenko (T. I.).
Gerasimow (N. V.), Mechanisierung d. Pflege u. Erträge v. Futterbohnensaatgut 60.
Geraśkov (N. I.), Experimentelle u. theoret. Untersuchung einer Versuchsmaschine für gleichmäßige Entleerung v. Gärfutterbehältern 328.
Geraśkov (N. I.) s. Slavin (R. M.).
Gerecke (F.), Warmbauten in Mastenbauweise 386.
Gerganski (M.) u. **Pančev (P.)**, Untersuchung d. Arbeit d. Pflanzlochmaschinen 603.
— u. **Manov (L.)**, Untersuchung d. Leistung d. in Bulgarien verbreiteten Pflugformen bei erhöhten Geschwindigkeiten 551.
Gerlova (M.), Bandnestverfahren erleichtert d. Anwendung d. Komplexmechanisierung 345.
Germeren (P. van), Selbstabladender Anhänger 1285.
Gerrie (W. A. G.), Hütten bei d. Weidehaltung v. Sauen 822.
Gerritsen (J. G. C.), Arbeitszeitaufwand u. -bedarf im Anbindestall 909.
Gervic (P.), Vertikal-Schaufel-Granuliermaschine 304.
Geske (K.) s. Hutschenreuther (G.).
Geuting (H.) s. Andreae (B.).
Gezici (R.), Über zweckmäßiges induktives Oberflächenhärten v. gegossenen Kurbelwellen 1048.
Gibert (A.) s. Pavlov (B.).
Giering (H.) s. Fischer-Gurig (A.).
Giese (H.) s. Nelson (G. L.).
Gieseler (E.), Moderne Kohleherde im Landhaushalt 452.
Gießler (H.), Lufttemperatur im Mastschweinestall 261.
Gigas (H.) u. **Heise (W.)**, Bodenverfestigung mit Straßenteer u. Straßenteeremulsionen auf ländl. Wegen 811.
Ginesina (Ė. M.), **Kuznecov (F. I.)** u. **Čechovskoj (V. Ja.)**, Stabilisierung d. Straßendecke durch Kalk 484.

Ginzburg (Z. B.), Elektrische Netze u. Beleuchtung d. Waldaufbereitungsplätze 1334.
Gjerds (I.) s. Kraggerud (H.).
Glasser (H.), Ruhe im Legehennenstall 1096.
Glebov (A.), Fäll- u. Wendeklaue 792.
Glebov (I.), Samenzählgeräte 788.
Gleichmann (E.) s. Riemann (H.).
Glöckler (H.), Ziegelmontageverfahren am DLG-Lehrhof in München 495. — Vorschlag für eine Dachdecke 495.
Gladkov (K. N.), Vereinfachter Wegebau 1336.
Gladkov (N. G.), Getreidereinigungsmaschinen. Konstruktionen, Berechnung, Projektierung u. Einsatz [66].
Gläser (H.), Anteil d. Technik an d. Forstwirtschaft u. ihre Bedeutung für d. Ausbildung 957.
Glasow (W.), Zuckerrübenbestellung u. -pflege 886.
Glemmestad (E.), Untersuchungen über Form u. Gebrauch v. Kopfschippe 900.
Gless (K.), Eine neue Maschine zur wirtschaftlichen Holzentrindung 1328.
Glotov (V. V.) s. Pavlov (E. A.).
Gluchovskij (V. S.) u. **Fomičev (A. M.),** Komplexmechanisierung im Zukkerrübensamenanbau 415.
Gnusinym (P.), Zwischenkollektivwirtschaftliche Geflügelfarmen 1195.
Gockler (L.) s. Eötvös (L.).
Göhler (F.) u. **Albrecht (S.),** Ergebnisse über d. Wirtschaftlichkeit d. erdelosen Kultur v. Gemüse im Produktionsbetrieb 86.
Göhlich (H.), Obsternte mit Maschinen? 1305.
— u. **Coutsomitopoulos (G. P.),** Eigenschaften v. Pflanzenschutzdüsen 1342.
— u. **Mohsenin (N. N.),** Mechan. Eigenschaften v. Obst unter bes. Berücksichtigung einer maschinellen Ernte 355.
Görner (L.), Wirtschaftlichkeit d. Hühnerhaltung u. Möglichkeiten d. Leistungssteigerung 185.
Gössing (E.) u. **Honert (W.),** Reithallen u. Reitplätze 396.
Göthberg (E.) s. Cederholm (M.).
Götz (W.), Sofortdrusch in d. Körnermaisernte 51. — Zurückhaltung im Bauen 245. — Mehr Montagebau 386.
Götz (W.), Um den Kurzstand 254. — Silomais mit dem Schlegelfeldhäcksler? 310. — Stall-Entmistungs-Anlagen 752. — Rückenbügel im Kuhstall 919. — Heuturm — ideal für d. moderne Futterwirtschaft 1261. — Grünfuttersilos 1270.
Götze (S.), Spannband- u. Spitzenlagerung. Vor- u. Nachteile 687.
Götze (W.) s. Holzschuh (W.).
Gol'dberg (J.), Typenprojekte für d. Erweiterung v. Landkrankenhäusern 393.
Gol'din (A.) s. Samojlov (I.).
Golding (E. W.) u. **Stodhart (A. S.),** Möglichkeiten d. Elektrifizier. in d. Landwirtsch. in Asien u. im Fernen Osten 689.
Gol'dman (E. I.), Gerät zur Prüfung körperlicher Anstrengung 958.
Golovin (V.) u. **Mařjasin (L.),** Erfahrungen d. Mechanisierung v. Pflegehieben 1325.
Golstein Brouwers (G. W. M.) s. Horsmans (G. A. A.).
Golubev (A.), Anwendung d. Futterverteilungswagens u. d. Arbeitsproduktivität 73.
Golyšev (P.), Badeanlage für Schafe 190.
Gomery (D.), Moderne Milchviehanlage in Großbritannien 448. — Rationalisiertes Melken 586. — Milch u. Mast mit Heusilage u. feuchtem, siliertem Getreide 911. — Ein Versuch zur neuartigen Gerstenmast 917. — Freß-Liegeboxenstall mit Tandemmelkstand 1011.
Gončarov (B. P.) u. **Šlimovič (B. M.),** Halbleiter in d. Landwirtsch. [683].
Goodland (N.), Zweigeschossiger Schweinestall 1015.
Goossen (H.), Pflanzenschutzgeräte für Lohnunternehmer, DLG-Bericht *1962* 802. — Besonderheiten d. Pflanzenschutzgerätetechnik im Garten-, Gemüse- u. Obstbau 1311.
Gopka (V.) s. Kučer (P.).
Gora (A.) s. Schwarz (K.).
Goranov (I.), Mechanisierung d. Entmistung bei d. Offenstallhaltung v. Kühen 446. — Über d. Frage d. Festsetzung v. Bestabschreibungsfristen d. Maschinen 1205.

Gorbačevskij (V. A.) u. **Klyčkov (P. D.)**, Direktabfuhr d. Holzes mit Rücke- u. Transportmaschinen 1328.
Gorhitz (A.), Forschung u. Anleitung in d. Landwirtschaft für d. amerikanischen Länder 1039. — Turrialba: Institut für Landwirtschaftswissenschaften verfügt über einen großen Tätigkeitsbereich 1039.
Gorbov (N. F.) u. **Čuev (P. A.)**, Vorrichtung für d. Maissilagehäcksler „SK-*2,6*“ zur Einbringung v. Karbamid in d. Silogut während d. Ernte 559/60.
Gorbunova (E. N.) s. Šejnkin (G. J.).
Gordeziani (Š.) s. Gorskij (G.).
Gordienko (N. S.), Mechanisierung d. Arbeiten bei d. Anlage v. Baumschulen 99.
Gordon (M. W.), Elektrische Wassererhitzer für Milchwirtschaftsbetriebe 589.
Gordionov (O. M.), Mechanisierung d. Futterverteilung 330.
Gorenštejn (A.), Selbstfahrende Grasmähmaschine vom Typ „KSF-*1,0*“ 719.
Gorjačeva (V. I.) s. Tropin (I. V.).
Gorjainov (A.), Hydraul. Pressen 278.
Gorlov (V.) s. Krylov (J.).
Gornovesov (G.) s. Kučer (P.).
Gorochovskij (K. F.) u. **Livšic (N. V.)**, Halbautomatische Ausformstrecke für Langholz 975.
Gorskij (G.) u. **Gordeziani (Š.)**, Mastfarm für *8400* Schweine 130.
Gorškov (D. S.), Allseitige Automatisierung d. Holzausformplätze 476.
Gossmann (B.), **Keller (D.)** u. **Meysenbug (C.-M. v.)**, Lagerwerkstoffe für ungünstige Schmierbedingungen 139.
Gothe (H.), Neuartige Querrine aus Stahl zur Wasserableitung auf Waldwegen 1158.
Gothilf (S.) s. Zucker (A.).
Gotthard (F.), Betonfertigteile (Jahresübersicht) 1350.
Gottsch (H.) u. **Hasenjäger (S.)**, Technische Baubestimmungen. Hochbau — Tiefbau — Baulenkung — Wiederaufbau [1004].
Govin (L.), Lage d. Studien bezüglich landwirtschaftlicher Konstruktionen in Frankreich 1170.
Graage (W.), Arbeitsaufwand beim Rübenroden 899.
Grabenhorst (D.), Abwurfverhältnisse bei Kartoffelförderbändern 68.
Grabowski (S.), Blitzableiter auf d. Lande 1177.
Gradin (H.), Gebläse- u. Schneckenförderer 546.
Graepp (W.), Stallklima u. Aluminium 497.
Graeser (H.), Folien aus Kunststoff für d. Landwirtsch. 5.
Graewe (H.), Mathematik unter bes. Berücksichtigung v. Physik u. Technik. Bd. *1*. [402].
Grahneis (H.), Wasserversorgung auf d. Lande 813.
Graichen (G.), Eine Methodik zur Erarbeitung technologisch begründeter Maschinensysteme 1041.
Grakova (T.) s. Avdeev (N.).
Grammel (R.), Entrindung d. Nadelholzes 371.
Gramoteev (I. M.) s. Osyovschkij (I. G.).
Grassmann (P.), Physikal. Grundlagen d. Chemie-Ingenieur-Technik [5].
Gratz (W.) s. Klink (G.).
Grebeń (G. L.), Transportables Melkaggregat und seine Nutzung 447.
Grečenko (A.), Lenkbarkeit u. Stabilität d. Radschlepper 23.
Grechov (G. F.) s. Kozlov (A. I.).
Grečišnikov (V.) s. Perfilov (M.).
Green (H. C.), Reihenweiten u. Pflegemaßnahmen bei Kartoffeln 170. — Widerstandsfähigkeit v. Äpfeln gegenüber Beschädigung 948. — Ein Versuch mit d. Einsatz d. Bodenfräse bei d. Kartoffelpflege 1076.
Green (J. H.), Radioaktivität d. Milch 753.
Green (N. K.), Rostböden für Viehställe 128. — Rinderställe mit Rostboden 256.
Gregor (M.) s. Hora (O.).
Greil (E.), Heizöl u. Heizölgeräte 451.
Greiner (L. M.) u. **Kleis (R. W.)**, Vakuum-Kühler für d. Erzeugerbetrieb. Entwicklung u. Prüfung einer Anlage mit niedrigen Kosten 407.
Greiß, Wegedichte 377.
Gridneev (G.), Gerätekombination „GSD-*1,4*“ 296.
Griepentrog (O.), LPG-Baubrigaden steigern Arbeitsproduktivität 492.
Griesbach (K.), Anwendbarkeit u. Ko-

sten verschied. Heizungsverfahren für Frühbeete 205.
Griffith (R. C.), Hydraulische Fernsteuersysteme 1058.
Griffiths (G. C.), Wasser für Schweine 584. – Schweinebucht für verschied. Zwecke 666/7.
Griffiths (H. J.), Eine transportable Ausrüstung zur Probenentnahme u. Temperaturmessung in Getreidelagern 908.
Griffiths (M. V.), Hochleistungs-Fußbodenheizung 760.
Grigorenko (G.), Quadratnest-Maislegemaschine „SKNK-*6*" 168. – s. Volkov (S.).
Grigoŕev (G. K.), Rekonstruktion d. Geflügelställe in Schmalbauweise 1027.
Grigorjan (G.), Maistrocknung mittels Abgas 1199.
Grigorjan (Š. M.) u. **Karapetjan (G. A.),** Entwicklung v. Bodenbearbeitungsgeräten für d. Arbeit bei erhöhten Geschwindigkeiten 301.
Grimm s. Franzke (H.); Brenner (W. G.).
Grimm (K.), Vielzweckwagen für Rieselgüter 293. – Stalldungstreuer im Feldhäckslerbetrieb (Vielzweckwagen) 293. – Feldhäckslerkette in d. Heu- u. Grünfutterernte 558. – Fütterungsversuchsanlagen in d. Praxis 1097. – Mechanische Fütterungsanlage für Rindvieh 1098. – s. Seifert (H.).
– u. **Leykauf (H.),** Zeigte München eine klare Entwicklungstendenz im Feldhäckslerbau? 429.
Grimm (W.), Luftanwärmung in d. Getreidetrocknung 741.
Gringof (E.) s. Vajnštejn (S.).
Griščenko (F. V.), Untersuchung d. Säapparate v. Getreidedrillmaschinen 554.
Grjazin (A.) s. Sergeev (Ṗ.).
Grobbecker, Arbeitsverfahren, Arbeitsmethode, Arbeitstechnik. Beitrag zur Klärung u. Systematisierung arbeitswirtsch. Begriffe 403.
Groen (J.) s. Wegenaar (C.).
Grönegress (H.-W.), Oberflächenhärtung v. Kurbelwellen 1048.
Gröschner (P.), Auswahl geeigneter Sorten für d. Gefrierkonservierung 778. – Hinweise für d. Kühllagerung v. Gemüse 951.
Gronskij (A. I.) s. Ciciv (M. V.).
Grošev (L. M.) s. Terlikov (V. A.).
Grosser (H.-U.), Einsatz d. Technik in Weitraumanlagen 84. – s. Ehrenhardt (H.).
Grosse-Boes (J.), Optimaler Binderabstand bei einschiffigen Gewächshäusern in Stahlkonstruktion 461. – Wirtschaftlichkeit beim Bau v. *30* m breiten Gewächshäusern 1117.
Grozdanov (R.) s. Iliev (B.).
Grubel (W.), *400* MW Speicherheizleistung 1105.
Gründer (W.), Staubtechnik 12.
Grund (H.) u. **Schwarzbach (R.),** Beitrag zu Fragen d. Gliederung landwirtschaftlicher Transporte 544.
Grunder (U.), Entmischungsprobleme 72.
Grundey (J.) s. Shepperson (G.).
Gruner (W.), Zum Problem d. industriemäßigen Produktion in d. Landwirtschaft 1035.
Grut (M.), Pappel-Tiefpflanzung 968.
Gsaenger (M.), Rationalisierung in Küche u. Wirtschaftsraum 500.
Gudev (R.), Vorrichtungen d. Futterplatzes zur Verabreichung v. Kraftfutter bei d. Offenlaufstallhaltung v. Milchkühen in d. Tierzuchtfarmen 750. – s. Dimov (S.).
Gudkin (A. F.) u. **Tulupova (M. A.),** Nutzeffekt d. Hühnerhaltung auf Tierstreu im Amur-Gebiet 822.
Güngerich (H.), Einfluß d. maschinentechn. Einrichtung auf Planung u. Bauausführung 502.
Günther (M.), Beitrag zur Eutergesundheit bei d. maschinellen Milchgewinnung unter bes. Berücksichtigung d. Gelben Galtes [1279].
Günzel (W.) s. Hutschenreuther (G.).
Gürtler (J.), Bewässerungsmöglichkeiten bei Topfkulturen im Freiland 84.
Guest (R. G.) s. LaBelle (R. L.).
Güther (A.), Ökonom. Untersuchungen zur Jungbullenmast im Anbinde- u. Offenstall unter bes. Berücksichtigung d. Arbeits- u. Futterkosten 69.
Guillaumaud (J.) s. Villepigue (A.).
Guillou (R.), Kühlaggregate für Obst u. Gemüse 356.

Gukin (V.), Kuznecova (M.), Chlebnikov (I.) u. **Achapkin (A.),** Mechanisierte Schweinemastfarm 1367.
Gulda (V.) u. **Hovorka (J.),** Bau großer automatisierter Geflügelhaltungsbetriebe 1028.
Gummert (H.), Pfähler (F.) u. **Urff (W. v.),** Betriebsplanungsmethode für d. Landwirtsch. 278.
Gunkel (W. W.) u. **Anstee (L. L.),** Ernten v. Trockenbohnen 1259.
Gunzelmann (F.), Modernisierung d. Bewässerungsanlagen in d. elsässischen Hardt durch Umstellung auf Beregnung 875.
Gurevič (A. M.) u. **Sorokin (E. M.),** Traktoren u. Automobile [699].
Gurevič (D. F.), Einfluß d. Spiels zwischen Kolben u. Zylinder an Einspritzpumpenelementen auf d. hydraul. Dichtheit dieses Bauelementenpaares 14.
Guŕjanov (V. A.), Geräte für d. gleichzeitige automat. Lenken v. *2* Schleppern 154.
Gurtner (O.), Bedeutung, Problematik u. Methode d. Arbeitsvoranschlages im landwirtsch. Betrieb 7.
Gusejnov (G. M.) u. **Talybov (G. Ch.),** Verwendung transportabler Rohrleitungen für d. Furchenbewässerung d. Baumwolle in Aserbaidshan 420.
Gusev (S.), Wasserversorgung im Dorf 251.
Gusew (S.), Hochleistungsfähige Erdbewegungsmaschinen 161. — Anbau-Gerätesatz „D-*442*" für d. Kettentraktor „DT-*55* A" 707.
Gustafsson (B.), Erfahrungen d. schwed. Offenstallhaltung 400. — Arbeitsuntersuchungen in d. Ställen 1007. — Ein wissenschaftlicher Vergleich zwischen d. Freilauf u. d. angebundenen Stallhaltung v. Tieren 1008.
Gustafson (M. L.), Ein neues Ballenaufnahme-System 1247.
Gut'jar (E. M.), Volumentheorie d. Zerkleinerns 11.
Gutschmidt (J.), Grundlagen d. Gefrierens u. d. Gefrierlagerung v. Lebensmitteln 597. — s. Partmann (W.).
Gytlokay (S.), Leichtwandplatten für ländl. Warmbauten 493. — Teilmech. Fertigungsanlagen für Leichtwandkonstruktionen 641.
Gysel (A.), Erhebungen über Temperatur u. Luftfeuchtigkeit in Schweineställen samt einigen Unterlagen zur Gestaltung des Stallklimas auf Grund ausländischer Angaben 1175.

Haaijer (B. M.) s. Jager (A. W. de).
Haan (S. de) s. Wieringa (G. W.).
Haartsen (P. van) s. Horsmans (G. A. A.).
Haas (P. G. de) u. **Wennemuth (G.),** Kühllagerung v. Baumschulgehölzen. *1.* Mitt. Klimatologisch-techn. Probleme bei d. Lagerung v. Gehölzen 611. — Kühllagerung v. Baumschulgehölzen. *2.* Mitt. Pflanzenbauliche u. physiol. Probleme 611.
Haase, Moderne Drillmaschinen 1073.
Haase (H.), Innenbetrieblicher Transport 702. — Spaltenboden im Jungviehstall 911. — Lohnt sich eine Waschmaschine? 931. — Vorteile eines Vielzweckwagens 1064. — Neuzeitlicher Waldwegebau 1156.
Haberland (W.) s. Ostermaier (R.).
Hablützel (H.), Gedanken über d. forstliche Arbeitsplanung, dargestellt am Staatswaldrevier Griesbach, Schaffhausen 959.
Hachenberg (F.), Kostensparende Bauweise v. Zubringerwegen auf d. Hunsrückplateau 1154.
Hacke (F.), Marktgerechte Reinigung, Sortierung u. Verpackung v. Speisekartoffeln 66.
Hackl (W.), Anwendung v. Stabilisierungsmethoden beim Ausbau v. Forst- u. Hofaufschließungswegen 484. — Stabilisierungsmethoden u. Bau-Mischverfahren im ländlichen Wegebau bei d. niederösterreichischen Landes-Landwirtschaftskammer 1156.
Häberle (S.), Repräsentative Ermittlung d. Zeitbedarfs als Grundlage einer Herleitung v. Vorgabezeiten für d. Holzeinschlag [102].
Hänlein (W.), Techn. Anwendungsmöglichkeiten d. Peltiereffekts 17.
Hänske (L.), Auslauf-Haltung u. Stallbau im einzelbäuerlichen Betrieb 131.
Hafner (F.), Zur Frage d. Längstransportes v. Material im forstlichen Wegebau 1150.

Hafner (K. E.) u. **Niepage (P.)**, Auslegung v. dämpfungsgekoppelten Drehschwingungsdämpfern für Kolbenmotoren 689.

Hagen (G.) s. Stoeckhert (K.).

Hagen (P. v. d.), Ein Beitrag zum Problem d. Dampfsperren in Kartoffellagerhäusern 1032.

Hagstedt (B.), Einsatz v. Traktoren in d. Forstwirtsch. Süd- u. Mittelschwedens 231. – Abladen v. Faserholz in Standardlängen beim Transport mittels Traktor 984. – s. Söderlund (J.).

Hahn (F.) s. Schröder (W.).

Hahn jun. (R. H.) s. Roller (W. L.).

Hain (K.), Getriebeatlanten als Hilfe für d. Entwurf ungleichförmig übersetzender Getriebe [524]. – Die Bedeutung eines Getriebeatlasses über Vierwinkelfunktionen v. Gelenkvierecken an Hand v. Beispielen aus d. Landmaschinenbau [524].

Hajas (J.) u. **Rázsó (I.)**, Landwirtschaftliche Maschinenkunde [1202]. – Landwirtschaftliche Faustzahlen [1202].

Halang (H.), Arbeitswirtschaftliche Untersuchungen bei Cyclamen. I. 933.

Hale (O.) s. Pascal (J. A.).

– u. **Phillipson (A.)**, „Horstine Farmery Microband" Streueinrichtung für granulierte Insektizide – N.I.A.E.-Test 1165.

Hall (C. W.) s. Hall (G. E.).

Hall (D.), Neuentwicklungen für d. Landmaschinenkonstruktion 833.

Hall (G. E.) u. **Hall C. W.)**, Kontakttrocknung v. geschältem Mais 906.

Hall (N. A.), Ingenieurtechn. Erziehung, Voraussagen u. Entwicklungsrichtungen 138.

Hamann (D. D.), **Young (H. G.)** u. **Moe (D. L.)**, Kontrolle d. Stallklimas für Legehennen 263.

Hamann (H. O.) s. Steffen (G.).

Hamblin (H. J.) s. Jesson (M. W.).

Hamilton (A. J.) u. **Hutchison (P. S.)**, Einzelkornsaat u. Ausdünnen v. weißen Rüben 423.

Hammer (W.), Silieren v. Futtergetreide in d. USA 63. – Füttern u. Ausmisten bei Milch- u. Mastvieh 184. – Fütterung u. Arbeitstechnik bei d. Schweinemast 1272. – s. Preuschen (G.); Rüprich (W.).

Hammer (W.) u. **Rüprich (W.)**, Spaltenbodenställe für Rindvieh u. Schweine 506. – Bedeutung u. Anlage v. Spaltenböden in Viehställen 507. – Spaltenbodenställe eine Modeerscheinung? 661.

Hampl (A.), Neue Kompostumsetzer zum Anbau an Schlepper für unsere landwirtschaftlichen Betriebe 459.

Hamson (J.), Elektr. Haushaltgeräte aus Großbritannien 765.

Hanan (J. J.), Winterlüftung in Gewächshäusern 1295.

– u. **Holley (W. D.)**, Ein Warmhaus für Forschungszwecke 943.

– u. **Langhans (R. W.)**, Luftzirkulation in Gewächshäusern 945.

–, **Langhans (R. W.)** u. **Miller (R. D.)**, Kontrolle d. Bodenfeuchtigkeit 947.

Hančík (F.) u. **Dukát (E.)**, „Zetor *4011*" – d. leistungsfähigste Schlepper d. unifizierten Schlepperreihe 1214.

Haneberg (B.), Hühnerstall im Geflügelzelt d. DLG-Ausstellung in München 1027.

Hanes (G.) s. Chaffin (W.).

Hanffstengel (v.), Elektrische Teppichklopfgeräte in d. Praxis 932.

Hanke (B.), Heizungssystem verbessert Stallklima in Ferkelställen 1366.

Hansen (H.), Versuche u. Erfahrungen mit Luftwäschegeräten bei d. Kühl- u. Gaslagerung v. Äpfeln 952.

Hansen (R. M.) s. Ward (A. L.).

Happ (H.), Milchanfuhr zur Molkerei in Tankwagen 1279.

Harbage (R. P.) u. **Morr (R. V.)**, Entwicklung u. Konstruktion eines *10*-Fuß-Mähwerkes 719.

Harden (E. A.), Anbau- u. Aufsattelpflüge für schwere Traktoren 879.

Harington (R. P.), Rundbehälter aus Ziegeln 392.

Harkema (D. J.), Maßnahmen gegen Witterungsunbilden bei d. Arbeit im Obstbau 940.

Harper (J. C.), **Chichester (C. O.)** u. **Roberts (T. E.)**, Gefriertrocknung v. Nahrungsmitteln. Anwendung der dielektrischen Erwärmung bei Herstellung getrockneter Nahrungsmittel 340.

Harries (G. O.), Gerät zur sichtbaren

Darstellung d. Druckverlaufs im Einlaß v. Verbrennungs-Motoren 144. — Verwendung v. Radio-Isotopen für d. Bestimmung einer ringförmigen Schicht v. Korn in einem senkrechten Schneckenförderer 743.
Harrington (R. E.) s. Morrison (C. S.).
Harris (T. A.), Voraussage d. Zuverlässigkeit v. Wälzlagern 1042.
Hart, Radioaktive Isotope in d. Betriebsmeßtechnik [283].
Hartman (J. D.) s. Ang (J. K.).
Hartmann (G.), Waldarbeiter-Schutzhelme 359.
Hartung (E.) s. Hutschenreuther (G.).
Hartyányi (L.) u. **Marjai (G.),** Buch d. Beregungsanlagen [1240].
Harvey (N.), Anwendung d. Selbstfütterung 917.
Haschke (P.), Bedeutung d. Einsatzzeit u. einige allgemeine Grundsätze im Holztransport 983.
Haschke (P.), Maschinenreserven besser nutzen! 1136.
Hasenjäger (S.) s. Gottsch (H.).
Haslauér (H.), Tragfähigkeit v. Wald- u. Wirtschaftswegen 1155.
Hatai (N.), Landwirtschaftliches Flugwesen in Japan 995.
Haug (K.), Anordnung v. Belüftungsanlagen für Heu 676.
Haus (R.), Technische Entwicklung d. Ölofens im letzten Jahrzehnt 928.
Hausdörfer u. **Soldan,** Mehrschichtensystem im motorischen Fuhrpark d. StFB Sonneberg 1317.
Hauser (V. L.), Parafin-Standards zur Eichung v. Neutronen-Meßgeräten 9.
— u. **Cox (M. B.),** Untersuchung d. „ZINGG Conservation Bench Terrace“ 876.
Hauska (H.) u. **Mark (E.),** Untersuchungen über Entrindung u. händische Bringung 1144.
Hayna (B. J.), Gewächshaus u. Gewächshausklima. Automat. Gewächshauslüftung 205.
Haynes (C.), Automatische Fütterung 916. — Silage auf Spaltenfußböden 1094.
Haynes (H.) s. Stanley (J. M.).
Heady (E. O.) u. **Krenz (R. D.),** Betriebsgrößen v. Maisfarmen in USA 279.
Hearle (W. L.) u. **Paterson (H.),** Arbeitsweise v. Unterdach-Heutrocknungssystemen mit bes. Berücksichtigung d. Trocknung in Ballen 61.
Hebblethwaite (P.), Prüfen v. Muster-Geräten 1201.
— u. **Arnold (R. E.),** Aspekte für d. Konstruktion v. Mähdreschern 724.
— u. **Sharp (J. R.),** Nachdrescher für d. Einsatz bei Mähdrescherprüfungen 726.
Hebblethwaite (P. A.) s. Aspinwall (J. S.).
Hechelmann (G.) u. **Böttcher (G.),** Mechan. Unkrautbekämpfung in Kartoffeln 306.
Hechelmann (H. G.), Arbeitsverfahren bei d. Kartoffelernte 568.
— u. **Schmitz (J.),** Sortierung v. Kartoffeln in betriebseigenen u. betriebsfremden Anlagen 66. — Vom Feld bis zum Verbrauch 896.
Heckl (R.), Aufstallung entscheidet 126. — Zement u. Beton im Landwirtschaftsbau 246. — Richtlinien für d. neuzeitlichen Stallbau (Rinderställe) 658.
Hedemann-Gade (E.), Über Pflanzenpflege u. einiges andere 470.
Hedgren (B.), Entrindungsaggregat 228.
Hedlund (H.), Schwedische Zellulose-AG rationalisiert 1324.
Heese (K.) s. Holjewilken (H.).
Heese (Kurt), Probleme d. Mechanisierung d. landwirtsch. Wasserbaus in d. DDR 31.
Heft (L.), Eine neue Anzuchtmethode für Baumschulpflanzen 941.
Hefti (J.), Probleme, d. bei d. Mechanisierung v. Betrieben mit Hanglagen u. Steilhängen auftreten 294.
Hegedues (G.), Anweisung zur Behandlung u. Instandhaltung d. Scheiben - Sämlingspflanzmaschine „TP-4“ [169]. — Anweisung für d. Behandlung u. Instandhaltung d. Steckrübenpflanzmaschine „TR-r“ [169].
Heggemann (X.) u. **Klose (W.),** Erfahrungen über d. Holztransport mit Schleppern im Staatlichen Forstwirtschaftsbetrieb Haldensleben 481.
Hehemann (B. T.), Ideale Küche — Gedanken u. Beispiele zur Grundrißgestaltung u. Ausstattung 1102.
Heid, Bohrhackenpflanzung 220.

Heide (O. v. d.), Kulturpflege mit d. Bodenfräse 969.
Heidt (H.), Vollmechanische Ernte u. Trocknung v. Körnermais 740.
Heilig (A.), „Radolfzeller Rückewagen" 797.
Heim (M.), Kartoffelernteverfahren mit weniger Arbeitskräften 52. — Neue Schutzanstriche 268.
Heimbürge (H.), Ährendruschverfahren, eine neue Erntemethode 312.
Heinig (W.) s. Mehler (A.).
— u. **Mehler (A.),** Getreidelagerhalle mit Kastenbehältern; eine rationelle Speicherform 134.
—, **Mehler (A.)** u. **Burger (H.),** Ausbauvorschläge zum geschlossenen Anbindestall für Kühe 1009.
Heiniger (A.), Gasdichte allein genügt nicht 1033.
Heinrich, Schlepper u. Landmaschine als Arbeitseinheit 846. — Bandspritzverfahren u. Bandspritzgeräte zur Unkrautbekämpfung im Rübenbau 1341.
Heinrich (S.), Futterautomaten für Schweine 752.
Heir (O.), Fabrikmäßige Produktion, vertikale Integration. Kontaktproduktion 1361.
Heise (W.) s. Gigas (H.).
Heiss (R.), Verpackungsdichtigkeit u. Haltbarkeit v. Lebensmitteln 81.
— u. **Schricker (G.),** Probleme d. Verpackungstechnik 12.
Heissner (A.) s. Vogel (G.).
Heitkamp (J.), Automat. Fütterung d. Schweine 331.
Held (R.), Betrachtungen bei d. Verwendung v. Zement im Wirtschaftswegebau 812.
Heller (C.), Mechanisierung d. Zuckerrübenbaues im Ausland 30. — Vereinzeln d. Zuckerrüben 43.
— u. **Evers (P.-N.),** Das Ernten v. Zukkerrüben 56.
Hellstrand (G.), Flößung oder Autotransport? 629.
Helmers (U.) s. Wickström (R.).
Hempel (G.), Entwurf v. frei tragenden Holzbindern 640.
Hempel (W.) s. Pflaum (W.).
Henderson (S. M.) s. Pabis (S.).
— u. **Pabis (S.),** Theorie d. Körnertrocknung. *1.* Mitt. Auswirkungen d. Temperatur auf d. Trocknungskoeffizienten 741; *4.* Mitt. Auswirkung d. Luftmenge auf d. Trocknungsindex 741.
Hendrich (K.-H.), Typisierung v. freigestellten Kartoffellagerhäusern 1031. — Lagerräume für Kartoffeln 1032.
Henjes (K.) s. Mittag (M.).
Henker (W.) s. Geisler (D.).
Henrard (G.), Versuch zur Anwendung künstlichen Lichtes bei d. Treibkultur d. Tomate 1120.
Henriksson (R.), Praktische Untersuchungen d. Wärmeverluste durch Wände 1002. — Wärmeisolierung v. direkt auf d. Erdboden verlegten Stallböden 1003. — Getreidekühllagerung 1029. — Blockhäuser mit geleimten Dachbalken 1174.
Hensel (H.), Organisation d. Rinderhaltung in d. LPG 659.
Henze (J.) s. Schönbeck (H.).
Hepherd (R. Q.) s. Aspinwall (J. S.); Klinner (W. E.); Pascal (J. A.).
Herbsthofer (F. J.), Entwicklungsaufwand d. Landmaschinenindustrie 681.
Herhahn (A.), Elektr. Raumheizung 593. — Luftverbesserung u. Klimatisierung. Gute Möglichkeiten für d. Haushalt 595. — Elektrodenheizung 1280.
Herlemann (H.-H.) s. Andreae (B.).
Hermann (E.), Notwendigkeit u. Gebrauch v. Küchengeräten 451.
Hermsmeier (L. F.) u. **Young (R. A.),** Vorrichtung zur Vermeidung v. Ablagerungen bei Wassermessungen in Kanälen 1068.
Herold (H.) s. Knobloch (H.).
Herpay (I.), Forstliche Anwendung v. Erdwegen, stabilisierten Wegen u. Wegen mit leichter Decke [378]*.
Herrmann s. Lehmann.
Herrmann (J.), Haltbarmachung v. Kartoffeln u. Gemüse durch ionisierende Strahlen 318. — Lehrbuch d. Vorratspflege [1282].
Herrmann (K.), Einsatz d. Fingerschneidwerks, fingerlosen Schneidwerks u. Mulchschneidwerks beim Mähen v. Riesellandgras 309. — Mechanisierung d. Getreideernte auf Rieselland 1247.
Herrmann (P.), Stahlhallen — auch für d. Landwirtschaft 1000.

Herterich (O.), Wasser als Löschmittel 387.
Hertwig (W.), Großhäcksler, Typ „GH *500*“, Maschinenfabrik Max Grumbach & Co. Freiberg/Sa.; Prüfbericht Potsdam-Bornim 28. — Waggon-Be- u. Entladegerät „WEG *25*“ mit Kipperentladegerät „KEG *25*“; Prüfbericht Potsdam-Bornim 414. — Elektroboiler mit Doppelmantel Typ „F *351*“, VEB Dämpferbau Lommatzsch; Prüfbericht Potsdam-Bornim 1278.
— u. **Eifler (R.),** Warmwasserversorgung für d. Fischgrätenmelkstand 664.
Hess (H.), Süß (A.) u. **Wenner (H.-L.),** Untersuchung d. Luftführung einer landwirtsch. Belüftungsanlage 738.
Hess (P.), Baukastensystem im Pflugbau 710. — Entwicklung einer Pflugreihe für d. Tiefenbearbeitung 711.
Hesse (H.), Kleinverpackungen für Weichobst 209.
Hesselba, Arbeitsverfahren in d. Körnermaisernte 51.
Hesselba (J.), Arbeitsverfahren u. Arbeitsbedarf für d. Melken in Melkständen bei einem Melker 76. — Einfluß d. Melkmethode auf d. Milchfluß 333. — Entwicklung d. Futterbaus u. sein Einfluß auf d. Arbeitswirtsch. 278. — Kostenvergleich v. Arbeitsverfahren 526. — Mechanisierungsgrad als arbeitswirtschaftliche Kennziffer 685. — Melkmaschine oder Melkanlage? 922. — Wir kaufen eine Milchkühlanlage 924. — s. Preuschen (G.).
Hesselbarth (K.), Melken bei Stall- u. Weidehaltung 76. — Maschinenmelken im Anbindestall 1100.
Hewitt (A. C. T.), Einrichtung einer Weidezentrale für d. Jungvieh 1012.
Hienton (T. E.), Ländl. Elektrifizier. in Großbritannien u. Irland 689.
Hientzsch (H.) s. Schmidt (G.).
Hiersig (H. M.), Schneckengetriebe (Jahresliteraturübersicht) 833.
Higgins (F. H.), Amerikanische Entwicklungen zum Brikettieren v. Heu 430.
Hilf (H. H.), Untersuchungen im Hauungsbetrieb [102]. — Bad Münster am Stein *1960*. Ergebnisse d. Fachtagung d. Gesellschaft für forstl. Arbeitswiss. 484. — Ganzjährige Pflanzzeit für Douglasien-Topfballenpflanzen 968.
Hilf (H. H.), Kaminsky (G.) u. **Rehschuh (D.),** Einmannarbeit im Hauungsbetrieb. Internationaler Arbeits- u. Leistungsvergl. 367.
Hilkenbäumer (F.) u. **O'Daniel (W.),** Verwendungsmöglichkeiten v. Membranpumpen im Obstbau 1129.
Hillebrand (W.), Grenzen u. Möglichkeiten d. Weitraumanlagen. Zusammengefaßte Erfahrungen aus Weinbaubetrieben an d. Nahe 346.
Hilling (P.), Wirksamkeit v. Holzschutzmitteln 387.
Hilmersen (A.), Wie werden Futtergräser geerntet? 44.
Hine (H. J.), Rotierende Bodenbearbeitung 164.
Hirsch (K.), Weidewirtsch. in rindviehstarken Großbetrieben. *12.* Mitt. Grundkonzeption für Weidezentralen mit Rohr- u. Kannenmelkanlagen 257. — s. Romanowsky (K.).
Hirschfelder (G.), Neue Typenentwicklungen für d. ländlichen Wohnungsbau 1180.
Hitz (H.), Pneumat. Produktförderung 72.
Hjelm (L.), Risiko v. Fehlinvestierungen 1172.
Hjelmström (L.) u. **Janlöv (C.-E.),** Bericht über d. Tätigkeit d. Waldstraßenkomitees im Jahre *1960* 377.
Hjørnegård (O.), Fütterung u. Entmistung in Schweineställen können mechanisiert werden 130.
Hlawitschka (E.), Anwendung d. Mollier-i, x-Diagramms in d. Trocknungstechnik 12, 742. — Belüftungstrocknung v. Heu unter schwierigen Verhältnissen 1261.
Hoberman (M.) s. Ettelman (D.).
Hochart (M. B.), Holzverpackungen für Obst u. Gemüse 1309.
Hochkönig (W.), Güllereitechnik: heute 305. — Düngung im steilen Gelände mit Bodenseilzug, mit Einachsschlepper u. Triebachse 715.
Hodr (J.), Brandschutz in d. Land- u. Forstwirtschaft [1206].
Höfken (W.), Einfluß d. baulichen Auslegung v. Einspritzventilen auf d. Schnarrverhalten d. Ventilnadel 842.

Hölzer (H.), Wir wollen gesund wohnen 500.

Höpken (H.), Ist das Eiersammelband rentabel? 442.

Hörer (R.), Milchkette u. Elektrizität 77.

Hoffmann (B.), Entwicklungstendenzen u. neue Maschinen d. sowjet. Landwirtsch. 243. — Gitteraufsätze u. mechanisiertes Entladen, Voraussetzungen für einen zügigen Transport d. Maishäcksels 413.

Hoffmann (F.), Vorbeugender Waldbrandschutz im Herbst 107.

Hoffmann (H.) u. **Kottenhoff (H.),** Einfluß v. Vibrationen auf Leistungsfunktionen u. emotionales Verhalten 402.

Hofman (G. H. B.), Einfache Staueinrichtungen u. Wirtschaftswegbrükken aus Betonfertigteilen 870.

Hofstedt (B.), Maschinelle Hiebsflächensäuberung u. Jungwuchsläuterung 365.

Hogley (B. T.), Maststall mit Spaltenböden 262. — Schweinemastställe in Norfolk 1023. — Kapazitätserhöhung durch Umbau eines Schweinemaststalles 1366.

Hohmann (G.), Aufbewahrung v. Rosen in Lagerräumen mit direkter Kühlung 612.

Høibø (H.), Herstellung u. Richten freitragender Dachbinder 384.

Holitschek (H.), Neue Warmluftanlagen in Abferkelställen 1192.

Holjewilken (H.), Stand d. Mechanisierung d. Melorationswesens 1229.

— u. **Heese (K.),** Maulwurfrohrdränverfahren 416.

Holland (J.), Gleitlager in Kolbenmaschinen 840.

Holley (W. D.) s. Hanan (J. J.).

Holliger (A.), Testung d. Futterwarm-Mischers 72.

Hollinrake (H.), Tauwaserbildung in Schweineställen 819. — Zweckmäßige Schweineställe in Altbauten 821.

Holmes (A. N.), Anwendung v. Kunststoffen in d. Landwirtsch. 276.

Holmøy (R.), Einachsschlepper, Motorhacken u. -fräsen für Gartenbaubetriebe u. Koppelwirtschaften 1110.

Holt (J. B.), Ein Saatgut-Saugsichter 1090.

Holz (W.) u. **Lange (B.),** Chem. Schädlings- u. Unkrautbekämpfung auf d. Grünland (Mittelübersicht) 237.

— u. **Rieth (G.),** Großgerät für d. Grabenspritzung. Gerätefrage bei d. chem. Grabenentkrautung 32.

Holzschuh (W.), Gedanken zur industriemäßigen Gestaltung d. Produktion in d. Viehwirtschaft 909. — s. Hutschenreuther (G.).

—, **Götze (W.)** u. **Wetterau (H.),** Bau, Einrichtung u. Nutzung eines Jungbullenmaststalles 663.

Honert (W.), Frischer Wind in neuen Segeln 505. — s. Gössing (E.).

Honig (H.) s. Thaer (R.).

Hoogendoorn (N.), Neue Arbeitsmethode bei d. Pflege v. Zuckerrüben 43. — Arbeitsmethoden bei d. Ernte v. Erbsen für d. Konservenindustrie 59. — Arbeitsmethoden bei d. Pflege v. Zuckerrüben 426. — Neue Arbeitsmethoden für d. Ernten v. Futterrüben 900.

— u. **Essen (H. van),** Vergleich verschied. Arbeitsmethoden bei Ernten v. Kartoffeln mit Sammelroder 569.

Hoppe (H.), Maschinen u. Geräte zur Grünfutterernte im Langgut-Verfahren 889.

Hora (O.), Gregor (M.) u. **Brož (V.),** Arbeit mit d. Prüfdreschstand 1084.

Hořák (Z.) s. Kuruc (B.).

Horánszky (Z.), Mechanisierung d. Transportarbeiten in Weinbergen 1285.

Horiuchi (K.) s. Saito (E.).

Horn s. Thiemann.

Horn (H.-H.), Maschinensysteme erleichtern d. Arbeit 344. — Rotationshacke P *108*, VEB Landmaschinenbau, Torgau; Prüfbericht Potsdam-Bornim 459. — Zwiebelrodegerät „Gläser“, Manhardt Landmaschinenbau KG, Wutha/Thür.; Prüfbericht Potsdam-Bornim 465. — Zerlegbare Vermehrungsbeete mit automatisch geregelter Heizung u. Bewässerung 606. — Bedarf an Maschinen zur Mechanisierung d. Gemüseanbaus in d. Spezialbetrieben eines Gemüsegürtels 1109. — Der gegenwärtige Stand d. Mechanisierung d. Gurkenernte 1124. — Ausnutzung v. Altbauten zur betrieblichen Gemüselagerung 1128. — Ein-

satz d. Kartoffelsammelroders „E *675*" zur Ernte v. Spätmöhren 1303.
Horn (H.-H.) u. **Kaiser (H.)**, Pflanzmaschine Pfl *5* A/Kfl *4*; Prüfbericht Potsdam-Bornim 1291.
—, Tränkner (B.) u. **Binting (I.)**, Erarbeitung v. Grundlagen für weitere Mechanisierung im Feldgemüsebau u. möglichst verlustlosen Lagerung v. Dauergemüse 354.
Horn (Hanns-Henning), Mechanisierung d. Möhrenernte [355].
Horn (W.), Hochdrucksammelpresse „K 441", VEB Fortschritt, Erntebergungsmaschinen Neustadt/Sa; Prüfbericht Potsdam-Bornim 429. — Vorreinigungmaschine „Vibrant K *521*", VEB Landmaschinenwerk „Petkus", Wutha/Thür.; Prüfbericht Potsdam-Bornim 437.
Hornig (H.), Versuche zur Blattlausbekämpfung im Sprühverfahren v. Hubschrauber 487.
Hornig (W.), Schutzkappen für d. Holzeinschlag 958. — Winkelpflanzung u. bisherige Erfahrungen bei ihrer Anwendung im StFB Bautzen 1138.
Horsmans (G. A. A.), Golstein Brouwers (G. W. M.), Haartsen (P. van) u. **Voorburg (J. H.)**, Nieuwe varkensstallen in Duitsland, verslag over toepassing van stalklimaat [389].
Hortschansky (J.), Mechanisierung d. Feldarbeiten im bergischen Gelände 30.
Horvath (L.), Landwirtschaftliche Ausstellung Budapest *1962* 1346.
Horváth-Lajkó (I.), Untersuchungen an d. mit einer Stahlschneide versehenen Tiefpflug „PP-*50*" 218.
Houston (C. E.), Entwässerung bewässerten Landes 415.
Hovorka (J.) s. Gulda (V.).
Howe (G. C. F.), Entwicklung d. Mechanisierung u. mechan. Förderns auf d. Farm. *2*. Mitt. Stärkere Anwendung mechan. Fördereinrichtungen u. Verfahren 274.
Howson (D. F.), Ruston- u. Hornsby-Hydraulikmotor. N.I.A.E.-Test 22.
Hoy (J. A.), Rentabilität d. Eierproduktion 323.
Hoyme (H.), Einsatz d. Ausdünnstriegels hat sich bewährt 1240.
Hubač (M.) s. Borský (I.); Strelka (F.).
Hubač (M.), Strelka (F.) u. **Borský (I.)**, Physiolog. Bewertung d. Qualität verschiedener Arten u. Typen v. Motorsägen 367.
Hubálek (K.), Hydraulische u. mechanische Meßgeräte für d. Landmaschinenuntersuchung 1206. — Eine neue Kartoffellegemaschinenbaureihe in d. ČSSR 887.
Hubmer (H.), Radioaktive Isotopen speziell in Landwirtsch. u. Industrie 13.
Hübel (H.), Voraussetzungen für d. Elektrizitätsanwendung im bäuerlichen Wohnhaus 1179.
Hübner (B.), Fragen d. Organisation u. Auslastung v. Gemeinschaftseinrichtungen zur Herstellung v. Futtergemischen 749.
Hübner (R.), Kupplungselemente für d. Fernbedienung v. Schlepperseilwinden 201. — Fernbedienung v. landwirtschaftlichen Seilbahnen 865. — Transporte in Terrassenlagen mit Seilbahnen 1112. — Einmannarbeit in Steillagen mit Sitzpflug u. aufgebautem Motorwindenaggregat 1116. — Bodenbearbeitung im Weinbau bei Flach- u. Steillagen 1292. — s. Engel (R.).
— u. **Wagner (F.)**, Wägeeinrichtung für Feldversuchserträge 10.
Hünseler (H. J.) s. Sack (H.).
Huggard (E. R.) u. **Owen (T. H.)**, Forstliche Werkzeuge u. Instrumente [1317].
Huggins (L. F.), Wandler für sehr kleine Druckunterschiede 686.
Hughes (L. G.), Lagerung d. Eier in prakt. Kühlsafes 336. — Automatische Wasserversorgung für Geflügel 444.
Huisman (L.), Bau moderner Anbindeställe 745.
Huisman (L. H.), Landwirtsch. Bauen in anderen Ländern 399. — Landwirtsch. Gebäude auf d. Int. Landwirtsch.- u. Industrieausstellung in Jönköping, Schweden 826. — Betrachtung v. Betriebsgebäuden in d. USA. *1*. Mitt. 1007; *2*. Mitt. 1268; *3*. Mitt. Laufställe 1269; *4*. Mitt. 1269; *5*. Mitt. 1269.
Hull (D. O.), Heuwürfel — ein neues Heubereitungsverfahren 891.
Hultzsch (K.) s. Stoeckhert (K.).

Humpherys (A. S.) s. Bondurant (J. A.).
Hunke (W.), Vollautomat. Umsetzmaschine für Champignon-Mittelbetriebe 85.
Hunt (D. R.), Wirksame Auswahl v. Maschinen für d. Feldwirtsch. 1205.
Huppert (V.), Chem. Schädlings- u. Unkrautbekämpfung bei Getreide u. Mais 485.
Hurford (Ch.), Automatische Silagefütterung in Großbritannien 1227.
Hurlbut (L. W.) s. Larsen (L. F.).
—, Steinbruegge (G. W.) u. **Sulek (J. J.),** International Diesel-Kettenschlepper „TD-*20*"; Nebraska Test 151. — Case Diesel-Kettenschlepper „*310* E"; Nebraska Test 151. — John Deere Kettentraktor „*2020* C Gasoline"; Nebraska Traktor Test 1055. — John-Deere-Kettentraktor „*2010* C Diesel"; Nebraska Traktor Test 1056.
Hussel (L.) u. **Schindler (W.),** Komplettierung v. Offenställen 818.
Hutchison (P. S.) s. Hamilton (A. J.).
Hutchinson (J.), Verwendung v. Milchtanks in d. Farmen 591.
Hutschenreuther (G.), Vergl. Untersuchungen d. Gesamtkosten eines Tierplatzes in Offen- u. Geschlossenställen für Milchvieh 125. — Vorschläge zur Großbuchtenhaltung v. Mastschweinen 261. — Milchvieh-offenstall-Großanlagen 510. — s. Anton (A.).
— u. **Geske (K.),** Milchviehställe in Montagebauweise 815.
— u. **Günzel (W.),** Zur Frage d. Klimas in Schweineställen 1015.
— u. **Hartung (E.),** Zentralrohrsilo-Speicher auch für Groß-LPG? 516.
—, Zausch (M.) u. **Holzschuh (W.),** Verbesserung d. Haltung u. Fütterung sowie Rationalisierung d. Aufzucht d. Saugferkel 667.
Hvidsten (H.), Haltung v. Milchkühen im Offenstall im Vergleich zum Massiv-Anbindestall 746.
Hyzik (J.), Einige Erfahrungen aus d. Großproduktionstechnologie d. Zukkerrübenernte im Jahre *1962* 1086.

Iancovici-Yaron (B.), Einfaches Verfahren zur Herstellung v. Salzwasser für Bewässerungsversuche 707.
Icikov (G. B.) s. Dorochov (B. A.).
Idel (K.), Strohbergung durch d. Häckselverfahren 566.
Ieviňš (I. K.) s. Aboliňš (Ja. T.).
Ilaksin (V. F.) s. Azin (L. A.).
Iliev (B.), Kalojanov (A.), Konstantinov (L.) u. **Grozdanov (R.),** Mechanisierung u. Elektrifizierung d. Landwirtschaft. Teil *2* 531.
Il'in (G. P.) u. **Kaščenko (N. G.),** Forstl. Sämaschine „MLTI" 99.
Iljuščenko (V. N.), Umbau des Spritzgerätes „ONK" 1163.
Imazu (T.) s. Yabuki (K.).
Indan (R. J.), Hand- u. Motorsägen im Durchforstungsbetrieb 368. — Konstruktive Neuerungen an Sägeketten 369.
—, Jazon (A. Ja.) u. **Briedis (V. A.),** Prakt. Werkzeuge für d. Forstnutzung 100.
Ioffe (G. S.), Bestimmung d. Übergangsprozesses für d. Ansprechsystem d. automatischen Regelung d. Mähdrescherdurchsatzes 564.
Irmler (Ch.), Wärmespannungen im Zylinderkopf 841.
Isaacs (G. W.) s. White (G. M.).
Isaev (A. P.), Beregnungsanlage mit Schnellkupplungsrohren „DU - *25*" 705.
Isakov (N. A.) s. Tumanov (I. I.).
Iščenko (M.), Mechanisierung d. arbeitsaufwendigen Prozesse durch Rationalisatoren 349.
Isenberg (F. M.) s. Ang (J. K.).
Islamov (Š. Š.), Komplexe Mechanisierung d. Holzlagerplatzes am Flußufer 793.
Isselstein (R.), Forderungen d. Landwirtsch. an d. Wärmewirtsch. 121.
— u. **Schwarz (H.),** Royal Show *1962* unter wirtschaftl. günstigen Aspekten 997.
Ißleib, Wege d. Weißtannen-Saatgut-Aufbereitung 622.
Istomin (G.), Auf einer Leiter zum Wipfel 222.
Ivančenko (A.) u. **Ivančenko (E.),** Mechan. Vorrichtungen, d. bei d. Quadrat-Nestsaat d. Meßdraht ersetzen 40.
Ivančenko (E.) s. Ivančenko (A.).
Ivanickij (V. E.) s. Nedaškovskij (A. N.).
Ivanov (B. S.), Begründung einer

Technologie für d. Konservierung v. Dieselmotoren durch gezeichnete Atome 16.
Ivanov (J.), Mechanisierte Kuhställe 256.
Ivanov (N.), Zwischenreihenbearbeitung mit erhöhten Fahrgeschwindigkeiten 555.
Ivanov (N. Ja.), Mechanisierung d. Ernte u. d. Saatgutaufbereitung v. Erbsen 59.
Ivanov (O. V.), Vorrichtung für d. gleichzeitige Registrierung d. Wasseraufnahme durch d. Wurzelsystem, d. Transpiration u. d. Gewichtsänderung d. Grünmasse 404.
Ivanov (S. A.), Mechanisierung d. Bewässerung v. Obstgärten 457.
Ivanov (S. S.), Kinematik v. Ernteaggregaten 565.
Ivanov (V.), Himbeer- u. Tabakspritzen für Terrassen- u. Hangpflanzungen 1313.
Ivanov (V. M.), Über d. Berechnung d. Hauptnutzung 1321.
Izakov (F. J.) s. Basov (A. M.).
Izakson (C. I.), Mähdrescher „SK-*3*“ u. „SK-*4*“ [567].
Izmajlov (J.), Flüssige Kopfdüngung mit d. Pflanzensetzmaschine 422.
Izotov (A. E.) u. **Trepenenkov (I. I.)**, Entwurf einer Typenreihe v. Traktoren für d. Jahre *1966—1970* 844.

Jabločko (G.), Rindermaststationen 257.
— u. **Poljanskaja (E.)**, Fischgrätenmelkstand mit *16* Ständen 664.
Jacob (E.), Beleuchtungsplanung 646.
Jacob (W.), Rationalisierung d. forstl. Hauungsbetriebes durch verbesserte Arbeitsverfahren 472. — Fällen v. schwachen Bäumen mit d. Einmannmotorkettensäge 474. — Standardisierung v. Technologien in d. Forstwirtschaft als Mittel zur Steigerung d. Arbeitsproduktivität u. als Grundlage für d. technische Arbeitsnormung 957. — Arbeitstechnik beim Fällen v. Stangen mit d. Einmann - Motorkettensäge 974. — Transport u. Aufbereitung v. Dünnholz zu wirtschaftlichen Sortimenten 977.
Jaekel (W.), Elektr. Ausrüstung v. Kraftfutterwerken 325.
Jaeschke (L.), Wärme- u. Stoffaustausch u. d. Trocknungsverhalten ruhender, luftdurchströmter Haufwerke aus Körpern versch. geometr. Form in geordneter u. ungeordneter Verteilung [13].
Jager (A. W. de) u. **Haaijer (B. M.)**, Transport v. Sand u. Schutt in Dränröhren 1068.
Jager (C. de), Maßnahmen gegen Luftverunreinigung im Gartenbau 88.
Jakovlev (M. V.) s. Magarillo (B. L.).
Jakunin (D. E.) u. **Matlaš (V. S.)**, Aushebepflug neuer Konstruktion 362.
Janáč (K.), Bedeutung u. Formen d. Wärmeregulierung in Offenställen 399.
Jančo (J.) u. **Butora (A.)**, Einmann-Motorsägen 1142.
Janíček (J.), Mechan. u. chem. Unkrautbekämpfung in Maiskulturen 107.
Janick (J.), Messung d. Fruchtgröße v. Erdbeeren 1283.
Janlöv (C.-E.) s. Hjelmström (L.).
Jansen (G.), Ergebnisse d. mediz. Lärmforschung [5].
Jansen (H.), Fichten-Schwachholzverwertung im Harz durch einen forsteigenen Holzsortierplatz 977.
Janssen (W. D. M.), Hauswirtschaftliche Untersuchungen auf d. Lande 925.
Jansson (H.), Vielseitiges Kulturhaus 500.
Jindra (J.), Gegenwärtige Problematik d. Entwicklung d. Technik in d. Holznutzung 970.
Janzsó (J.), Untersuchungen über d. Erhöhung d. Mähgeschwindigkeit 171.
Jarník (J.), **Moučka (Z.)** u. **Křivan (J.)**, Aus neuen landwirtsch. Typenprojekten. *1.* Offenstallanlage für *576* Milchkühe. *2.* Aufzuchtstall für *100* Kälber. *3.* Abferkelstall. *4.* Aufzuchthallen für *7500—15 000* Küken 656.
— u. **Urban (K.)**, Universalkonstruktionen für landwirtschaftliche Bauten ohne Dachboden 1173.
Jarnych (V. S.) s. Poljakov (A. A.).
Jastrebov (A.), Traktor mit automat. Lenksystem 24.
Jastrebov (A. I.), Anforderungen an d. Konstruktion v. Pflügen in Zu-

sammenhang mit d. automatischen Traktorlenkung 710.
Javorskij (A. A.), Traktoren mit Anhängegeräten auf d. Milchfarmen 183.
Javorskij (A. A.), Verwendung v. Traktoren auf Tierzuchtfarmen [1060].
Jazon (A. J.) s. Indàn (R. J.).
Jeanes (M.), In einem Jahr bezahlt 1094.
Jebautzke (W.), Entwicklung d. Maschineninvestitionen, d. Fremdkapitals u. d. Zinsleistungen in hochtechnisierten landwirtsch. Betrieben in Schleswig-Holstein 9.
Jeniček (V.) u. **Mlcek (E.)**, Dreiphasenernte d. Rotkleesamenkulturen 904.
Jenisch (K.-H.) s. Blumenthal (R.).
Jenkins (W. R.) s. Matson (W. E.).
Jenny (E.), Methoden d. direkten Energie-Umwandlung 839.
Jenny (J.), Probleme d. Frostbekämpfung. Einfluß d. Dicke d. Eisschicht bei Beregnung 488.
Jensen (M. C.) s. George jun.
Jermy (S.), Mechanisierung d. Zuckerrübenernte 179.
Jeske (A.), Anerkannte Pflanzenschutzgeräte 1339. — s. Berger (P.); Philipp (G.).
Jeske (E.), Zukunft des Elektroherdes 1105.
Jesson (M. W.), **Manby (T. C. D.)** u. **Hamblin (H. J.)**, Massey-Ferguson Traktor „M. F. *765* Mark II Diesel"; N.I.A.E.-Test 148.
— u. **Smith (D. W.)**, Kettenschlepper Track-Marshall „*70* Diesel"; N.I.A.-E.-Test 150.
Jochim (S.) u. **Seidel (E.)**, Einsatz d. Drillmaschinen im Feldgemüsebau. Beitrag zur Steigerung d. Arbeitsproduktivität 348.
Johanning (A.), Beispiel zeitgemäßer Rationalisierung d. Innenwirtsch. 395. — Chem. Grabenräumung 705.
Johansen (R. W.), Mehrpumpen-Hydraulik-System 1222.
Johansson (B.), Methoden zur Verringerung d. Arbeitsaufwandes bei Waldbauarbeiten 961.
Johansson (V.), Ein Bauernhof, d. sich in Jugendherberge u. Ferienheim verwandelte 653.
John (E.) s. George jun.
Johnson (E. G.), Bodenausbildung bei Kanälen durch Stabilisierung mit Zement 651.
Johnson (H. S.), Boxentür für Sauen u. Eber 131.
Johnson (J. F.), Großkistenverwendung bei Baumfrüchten 465.
Johnson (V. W.) s. Balch (C. C.).
Johnson (W.) s. Preston (R.).
Johnson (W. H.) s. Roller (W. L.).
Johnston (W. R.) s. Bianchi (W. C.).
Jones (E. L.), Bekämpfung v. Mäusen u. Ratten in d. Landwirtschaft 992.
Jónis (S.) s. Pinter (A.).
Jonkers (H.), Vereinfachung d. Pflükkens v. Erdbeeren; ein Vorschlag aus Italien 777.
Jordan (D.), Trocknung u. Belüftung v. Erntegut mit Ventilatoren 904. — s. Krägeloh (H.).
Jordan (E.), Schutz d. Obstblüte v. Frostgefahr 92.
Jordan (J.), Schlüsselfertiger Vollmontagehof aus Betonfertigteilen 505.
Jordan (O.), Futterernte mit d. Frontlader 1079.
Jordanov (D.) u. **Popova (D.)**, Dampfeinsatz zur Bodenerwärmung im Freien 774.
Jorritsma (J.), **Strooker (E.)** u. **Terpstra (J.)**, Mechanisierung d. Zuckerrübenernte — Bericht v. d. Vorführung v. Erntemaschinen *1961* in Elst (Bet) 570.
Joshi (P. N.), Gesichtspunkte für d. Bau v. Kühleinrichtungen 80.
Jován (D.) s. Böloni (I.).
Judisch (C.), Was d. *9.* Landwirtschaftsausstellung für d. Bauwesen brachte 520.
Jürgenson (L. K.), Wesen d. Schachtlüftung v. Stallbauten 645.
Jungehülsing (H.) s. Andreae (B.).
Jurek (J.), Entwicklung d. Triebwerkes d. Radschlepper 145.
Jurík (L.), Ökonomische Möglichkeiten für d. Verwendung v. Baumaschinen bei Erdarbeiten im Forstwegebau 989.
Jurov (V.) u. **Vladimirov (A.)**, Komplexmechanisierung bei d. Großgruppenhaltung v. Schweinen 1193.
Jutras (P. J.) s. Coppock (G. E.).
Jůva (K.), Melioration [162].

Kabanov (A. N.) s. Rudakov (G. M.).
Kabat (G. V.), Wahl dünnwandiger Profile je nach ihrer Widerstandsfähigkeit gegen wiederholt veränderliche Beanspruchungen 1040.
Kácsó (A.), Pflanzenschutzbetriebslehre [1346].
Kaculas (K. Ja.) u. **Evstifeev (N. M.),** Gerät zum Abbrennen d. Seidepflanzen 1165.
Kämmerling (H.-J.), Schlepper u. seine Geräte 146. — Schlepper v. heute 1049.
Kämpfner (K.) s. Krahnstöver (K.).
Kaindl (K.) u. **Linser (H.),** Radiation in agricultural research a. practicie [843].
Kaipov (A. N.), Schnelldrillen 553.
Kaiser, Verwendung v. Pectacrete-Zement bei Bodenverfestigungen im landwirtschaftlichen Wegebau 1355.
Kaiser (H.) s. Horn (H.-H.); Schumm (H. R.).
Kalab (J.), Stand u. Perspektiven d. Mechanisierung d. Forstsamengewinnung 221.
Kalašnik (V.), Neue Arbeitswerkzeuge für d. Futterverteilungswagen 918.
Kalben (W. v.), Beurteilung d. künstlichen Grünfuttertrocknung in finanzieller Hinsicht 905.
Kalich (J.), Stallklima bei d. Wintermast d. Schweine 669.
Kalina (J.), Knob (M.) u. **Zaruba (J.),** Neue Technologie in d. Nachbehandlung v. Getreide im landwirtschaftlichen Betrieb 575.
Kalina (J.), Knob (M.) u. **Zaruba (J.),** Technologie d. Verarbeitung v. Körnerfrüchten nach d. Ernte in Landwirtschaftsbetrieben 673.
Kaliničenko (N. P.) s. Lupakov (V. P.).
—, Stepočkin (P. M.) u. **Markin (S. A.),** Erfahrungen einer komplexen Mechanisierung v. Arbeiten d. Walderneuerung auf ungerodeten Schlägen in Eichenwäldern d. Waldsteppe 965.
Kalljus (V. J.), Heuwerbungsmaschinen [736].
Kalojanov (A.) s. Iliev (B.).
— u. **Kalojanov (A.)** u. **Popov (K.),** Möglichkeiten zur Getreideerntebergung mit Mähdreschern im Bergland u. auf hängigem Gelände 563.
Kames (K.), Ökonom. Untersuchungen zur Entwicklung v. selbstfahrenden Erntemaschinen auf d. Basis eines Maschinenträgers (Triebsatz) 151. — Bringen selbstfahrende Erntemaschinen auf d. Basis eines Maschinenträgers Vorteile für die Landwirtschaft? 537.
Kaminsky (G.), Einmannmotorsägen 225. — Arbeitspsycholog. u. -hygien. Gesichtspunkte bei d. Maschinenverwendung im Forstbetrieb 367. — s. Hilf (H. H.).
Kamlah (H.) s. Andreae (B.).
Kamm (W.) u. **Krautter (W.),** Rückblick auf interessante Motorenentwicklungen 1048.
Kamzolov (A. P.) s. Brodskij (M. A.).
Kanafojski (C.), Neue Landtechnik für d. polnische Landwirtschaft 830.
Kanev (N. F.), Die forstliche Fräse „FLN-*0,8*" 966.
Kantola (M.), Hackschnitzelherstellung für Heizzwecke 979.
Kanzaki (K.), Arbeitsleistung beim Rücken 372.
Kapitanski (J.), Über d. Komplexmechanisierung d. Bodenbearbeitung im Obstbau 1113.
Kappetein (G. C.), Belüftungstrocknung v. Mähdruschstroh 181.
Kapustjanskij (P.), Hängeautomaten „K *11*" u. „K *12*" 515.
Karabanov (I. I.), Fahrwerk d. Traktors „T-*130*" vom Tscheljabinsker Traktorenwerk 697.
Karapetjan (G. A.) s. Grigorjan (Š. M.).
Karavaškin (S.), Versetzbare Rampe 373.
Karlov (M. E.), Untersuchung d. Arbeitsweise von Siebreinigungsvorrichtungen in Getreidereinigungsmaschinen 64.
Karpelevič (V.), Hydraul. Steuerung d. Sämaschine „SKGK-*6* V" 169.
Karpov (L. D.), Wege zur Selbstkostensenkung durch Verbesserung d. Organisation d. Transport- u. Lagerarbeiten [1063].
Karrenberg (H.) u. **Vogler (H.),** Rauhigkeit u. Griffigkeit v. Natursteinstraßen [392].
Karwowski (T.), Mechanisierung d. Kartoffel- u. Rübenanbaues [870].
Kaščenko (N. G.) s. Il'in (G. P.).

Kasdorff (K.) u. **Werbun (H.),** Gegenwärtiger Stand d. Weidezauntechnik 185.
Kašekov (L. J.), Die Mechanisierung d. Wasserversorgung d. Tierzuchtfarmen [332].
Kaspar-Sickermann (W.) s. Kollmann (K.).
Kasten (A.), Ein Beispiel für Wechselnutzungsgebäude 1353.
Kašuba (B. P.), Traktor „T-75" [699]. — Traktor „T-75". Aufbau u. Nutzung [700].
Katol'nik (V. M.) s. Ėfros (V. V.).
Katzer (F.), Vergl. Untersuchungen verschied. Möglichkeiten, in Ställen mit unterschiedl. baulichen Gegebenheiten d. Entmisten kostensparend zu technisieren 253.
Kaufman (V. A.) s. Orechov (A. D.).
Kavan (V.), Internationale Vergleichsprüfung v. Mähdreschern 49. — Neue Landmaschinen 806.
Kaveckij (E.) u. **Parfencev (D.),** Selbstladeautos 982.
Kaven (E.), Arbeitskennzahlen als Grundlage für eine rationelle Produktion 200. — Moderne Hilfsmittel für den Gemüsegärtner 203. — Mechanisierungs- u. Rationalisierungsmöglichkeiten im Gartenbau 342. — Im Mittelpunkt steht d. Mensch 601. — Versuche u. Erfahrungen mit Jiffy-Töpfen im Blumen- u. Gemüsebau 768. — Arbeitsrationalisierung im Gartenbau. I. Anzucht v. Gemüsejungpflanzen für d. Treiberei 937. — Arbeitswissenschaftliche Untersuchungen über d. praktischen Einsatz v. Hilfsmitteln u. Maschinen im Gartenbau 1108. — Kommen wir ohne Naturdünger im Gemüsebau unter Hochglas aus? Bodenheizung mit Kunststoffrohren — CO_2-Begasung 1298.
Kazačinskaja (T. P.), Lagerung d. Lärche nach d. biolog. Trocknung 234.
Kažatkin (G. D.) s. Solov'ev (V. M.).
Keane (E.), Ein leistungsfähiges Konservierungs- u. Fütterungssystem 916.
Kehat (M.) s. Zucker (A.).
Keineder (K.), Landmaschinen auf d. Wiener Frühjahrsmesse *1961* 109.
Keiner (E.), Direkte Trocknung v. Weizen mit Rauchgasen 1091
Keiser (M. B.) u. **Knowles Weaver (E.),** Körperbewegung u. Energieverbrauch 195.
Keller (D.) s. Gossmann (B.).
Keller (S. J.), Generator für Wasserdampf u. Heißwasser für den technolog. Bedarf d. Landwirtschaft 286. — Mechanisierte Getreide- u. Maiskolbentrocknung 437.
Kelling (I.), Elektrogeräte befreien v. lästiger Küchenarbeit 925.
Kemp (D. C.) s. Chalmers (G. R.).
Kepkowa (A.), Manczak (M.) u. **Skierkowski (J.),** Gemüsebau im Landwirtschaftsbetrieb [157].
Kern (J.) u. **Roško (P.),** Wirtschaftlicher Einsatz d. universalen Holzbringungsseilbahn „DPLU *2-2000*" mit zwei Gehängen unter Berücksichtigung ihrer Modifikationen 981.
Kerskaja (E.), Vorrichtung zum Beladen d. Waggons über Normalprofil 798.
Kešner (B.), Studie über d. Verwendung mikroklimat. Unterlagen für Stalllüftungsanlagen u. bei d. Bewertung ihrer Wirksamkeit 820.
Kessler (H. G.), Gefriertrocknung poriger Güter 339.
Keyl (W.) s. Mittag (M.).
Kidd (S. E.), Freeze-dried food [1092].
Kiene (W.), Kraftstoffzusatzmittel für Dieselmotoren Ja oder Nein? *1.* Teil 689. — Zur Prüfung d. Sitzkomforts v. Ackerschleppern im Rahmen d. Technischen Prüfung 1060.
Kienle (W.), Stallklimat. Untersuchungen in Rinder- u. Schweinestallungen d. Landkreises Landau a. d. Isar 644.
Kienzler (Ch.), Vom Messer bis zum Küchenmotor 338.
Kieser (E.), Neue Typenprojekte für d. Wohnungsbau 1180.
Kiesewalter (Ch.) s. Penner (E.).
Kiesl (H. P.) s. Ober (J.).
Kießling (F.), Birkeneck; neue Landwirtsch. zwischen München u. Freising 252. — Schloßgut Birkeneck bei München 394.
Kilander (K.), Kostenberechnung d. Dimensionsgrenzwerte beim Abtrieb 622.
Kilgour (J.) u. **Reece (A. R.),** Minde-

rung d. Stoßbeanspruchung von Traktor-Anbaugeräten 541.
Kilimnik (E.), Mechanisierung d. Arbeiten in Frühbeeten 1294.
Kiljakov (A. M.), Automatische Sortiervorrichtung mit Relaiskanal 976. — Differential-Photorelais 1327.
Kind (W.) s. Dodillet (H.-J.).
Kindinger (M.), Neue Gesichtspunkte u. Mittel für d. Planen u. Bauen landwirtschaftlicher Wohn- u. Arbeitsstätten 1357.
Kindt (V.), Anwendung v. Klimaanlagen in Champignonkulturen 204.
King (D. L.), Leistung eines am Traktor angebauten Neigungsmessers 19.
— u. **Riddolls (A. W.),** Beschädigungen v. Weizen- u. Erbsensaatgut beim Dreschen bei veränderlichem Feuchtigkeitsgehalt 727.
King (E.), Thermodynamik v. Kühlwänden in Theorie u. Praxis 1295. — Strahlungswirkung v. Frostschutz-Ölöfen auf Meßinstrumente u. Pflanzengewebe 614.
Kinney (G. F.), Eigenschaften u. Anwendung v. Kunststoffen [1043].
Kirchbach (H.), Taschenbuch Hydraulik in Industriebetrieben [139].
Kireev (V. F.), Universelles Grabenziehgerät Typ „TKU-*0,9*" 873.
Kirillova (V.), Hochschule d. fortschrittl. Erfahrung. (Forstmaschinen auf d. Allunionsausstellung Moskau) 236.
Kirjuchin (A.), Höhere Arbeitsgeschwindigkeiten in d. Landwirtsch. 18.
Kirmse (E.), Wasser: Beschaffenheit, Gewinnung u. Aufbereitung 347. — Kostenerrechnung einer Großberegnungsanlage unter Berücksichtigung d. Verwendung d. „RS *09*" mit Rohrtragegerüst [550].
Kirn (H.), Elektroherd u. spezifischer Stromverbrauch 1105.
Kirpičnikov (O. B.) u. **Vol'man (V. G.),** Bestimmung d. Bodendichte in einer Tiefe bis zu *60* cm mit einem Dichtemesser vom WISChOM - Unions-Institut für Landmaschinenbau 10.
Kirstein (K.), Lastannahmen für Bauten; DIN *1055* Blatt *1* 492. — Stahlbau im landwirtsch. Bauwesen 495.
Kirtbaja (Ju. K.), Agrotechnolog. Grundlag. für d. Arbeit v. Schlepperaggregaten bei erhöhten Geschwindigkeiten 31.
— u. **Savčenko (N. Z.),** Wahl d. Schlepper für d. vollmechanisierten Kartoffelanbau 845.
Kirton (R. H. W.), Hilfsmittel zur Winteraufstallung v. Milchvieh auf schwerem, feuchtem Boden 910.
Kirzan (G.), Šapovalov (K.) u. **Vazenmaller (N.),** Mechanisierte Mastanstalt 259.
Kiščenko (T. I.), Unt (V. Ja.), Komšilov (N. F.), Gerasimov (B. S.) u. **Abol' (P. I.),** Roden u. Aufbereiten stehender Stämme 1318.
Kiselev (I. I.), Einfluß d. Traktorgeschwindigkeit auf d. Größe d. Zeitausnutzungskoeffizienten 17. — Einfluß d. Masse d. Schnellschlepper auf ihre energetischen u. ökonomischen Kennziffern 1050.
Kiselev (O. K.), Versuche mit d. Regelung d. Wasserentnahme aus artesischen Brunnen 748.
Kising (W.), Zweckmäßige Körnermaisernte 1084. — Körnermaisernte — aber wie? 727.
Kisselew (N.), Einsatz v. Erntemaschinen mit großer Arbeitsbreite 562.
Kistenfeger (J.), Erfahrungen bei d. Einführung v. Einachs- u. Vierradschleppern 214. — Bau v. Nagelzäunen zum Wildschutz 1159. — Einpassung einer Maschine in d. Arbeitsablauf 1140.
Kitajceva (Z. P.), Einstellung v. Rübendrillmaschinen für geringe Aussaatnormen 305.
Klančik (J.), Neue Richtungen in d. Festigung d. Waldwege 1336.
Klauder (G.), Landwirtschaftliche Faustzahlen. — Wichtige Mittelwerte, Betriebszahlen u. Begriffe aus d. Landwirtschaft [830].
Klauer (D.) s. Preuschen (G.).
Klaz (B.) s. Verejutin (V.).
Kleckin (M. I.) s. Petrov (G. D.).
Kleimann (W.), Rationalisierung d. Zuckerrübenernte 1086.
Klein (D.), Untersuchungen über d. Maissilierung in LPG d. MTS-Bereiches Taubenheim 740.
Klein (K.-F.), Arbeitsaufwand bei d. Feldberegnung heute 159. — Ar-

beitstechnik bei d. aufsichtslosen Feldberegnung 160. – Beregnungsanlagen u. Beregnungsverfahren – 550.

Kleiner (H. P.), Mechanisierung u. Betriebsorganisation [686].

Kleinke (G.) s. Mielke (H.).

Kleis (R. W.), Nahrungstechnik 597. – s. Greiner (L. M.).

Klejman (B.), Zwischenkollektivwirtschaftlicher Projektierungsbetrieb hilft d. Bauschaffenden auf d. Lande 641.

Klemencic (I.), Straßen-Berührungslinien 1155.

Kliefoth (F.), Prüfung v. Ackerschleppern aus d. verschied. Ländern 1050.

Klimčuk (Ju. F.) s. Rabinovič (I. P.).

Klimek (H.), Vermessungswesen für Forsttechniker [990].

Klimenkov (P.) s. Mojseevič (I.).

Klimov (G. B.), Wie müssen d. Schare d. Aushebevorrichtung verlängert werden? 364.

Klimova (E. A.), Steinsammelmaschine „UKP-*0,6*“ 301.

Klinger (G.), Welche Möglichkeiten d. Mechanisierung bieten d. Pflanzmaschinen Typ A *811* u. A *821*? 349. – Neue Geräte für d. Obstbau 766.

Klink (G.), Gratz (W.) u. **Schulze (F.),** Ställe für d. Großgruppenhaltung v. Mastschweinen 1022.

Klinner (W. E.), Aspinwall (J. S.), Hepherd (R. Q.) u. **Phillipson (A.),** Dreireihiger Anbaukultivator „Sapper“ Superflow; N.I.A.E.-Test 166. – Jones Ballenpresse „Star“, Modell „*420*“ 172. – Mähdrescher „McCormick International B-*64*“; N.I.A.E.-Test 725.

–, Klinner (W. E.), Rogie (D.), Hepherd (R. Q.) u. **Phillipson (A.),** Der heckangebaute Schleuder-Düngerstreuer „Amazone ZA“; N.I.A.E.-Test 1235.

Kljačko (A. B.) u. **Bolgov (I. V.),** Forstwirtschaftliche Bewertung d. neuen Schlepper 470.

Kljatis (L.), Versuche mit verschied. Maschinenketten für d. Leinernte 433.

Kljatis (L. M.), Erhöhung d. Geschwindigkeit bei Leinerntemaschinen 433.

Kljavir (S. J.) s. Ušakov (O. F.).

Ključnikov (V.) u. **Barsukov (M.),** Halbautomatische Ausformstrecke 793.

Ključnikov (V. Ju.) s. Leškevič (A. I.).

Kloeppel (R.), Komfort oder Wirtschaftlichkeit 273. – Warmlufttrocknung, d. nächste Schritt in d. Heubelüftung? 315. – Einachsschlepper im Stall u. in d. Innenwirtschaft 921.

Klöting (E.) s. Feiffer (P.).

Klokov (N.), Kraftfutterverteiler 187.

Kloosterman (E. G.), Maschinelles Krautrupfen bei Pflanzkartoffeln 178.

Klose (W.) s. Heggemann (X.).

Kloth (W.), Festigkeitsgerechtes Konstruieren 522.

Kloth (W.), Festigkeitsgerechtes Konstruieren. *2.* Bericht 522.

Klueter (H. H.), Puckett (H. B.), Beaty (H. H.) u. **Olver (E. F.),** Pneumatische Futterförderung unter Mitteldruck 585.

Klug (A.), Verladegerät, Typ „T *215*“, VEB Landmaschinenbau Falkensee; Prüfbericht Potsdam-Bornim 28. – Universalförderer d. Typenreihe „T *221/1*, T *222/1*, T *223/1*, T *224/1*“, VEB Landmaschinenbau Falkensee; Prüfbericht Potsdam-Bornim 28. – Auflade- u. Entladetechnik u. spezielle Gebläsetechnik in d. DDR 293. – Reißer R *70* P Fa. Max Grumbach & Co., Freiberg/Sachs.; Prüfbericht Potsdam-Bornim 326. – Mechanisierung u. Automatisierung d. Innenwirtschaft. Auswertung einer Studienreise in d. SU 1266.

Klyčkov (P. D.) s. Gorbačevskij (V. A.).

Knaack (H.), Nutzung v. Altbauten für d. Überwintern v. Pflanzkartoffeln 823.

Knap (J.), Verbesserte Inneneinrichtungen d. Schweinemastställe für *1200* Schweine 1020.

Knapp (W.), Moderne Kühl- u. Gefrierraumabschlüsse im Hinblick auf einen rationellen Betrieb in Kühl- u. Gefrierräumen 356.

Kneipp (O.), Kunststoffe im Gartenbau 1293.

Kniely (A.), Silobau auf neuen Wegen 675.
Knjazev (B.) u. **Seleznev (N.)**, Kuhstall für 400 Tiere mit Silagelagerung innerhalb d. Stalles 127.
Knob (M.) s. Kalina (J.).
Knobloch (G.), Fragen d. Müll- u. Klärschlammverwertung unter Berücksichtigung d. Kompostierung 937.
Knobloch (H.) u. **Herold (H.)**, Wie behandle u. pflege ich Kunststoffgegenstände? 1105.
Knoch (K.), Geräteschau u. Vorführung für den rhein-hess. Weinbau in Gau-Bickelheim 211. — Entwicklung motorisch angetriebener Kleingeräte 457. — Schädlingsbekämpfungsgeräte für Obst-, Garten- u. Weinbau 1313.
Knoche (W.), Bauphysical für Stallräume 497.
Knop (J.) u. **Vitězlav (Z.)**, Ökonomik u. Organisation d. Forstwirtschaft [958].
Knopp s. Pilszak (J.).
Knoups (F. H.) s. Geerts (W.).
Knowles Weaver (E.) s. Keiser (M. B.).
Koallick (M.), Vergleichende stallklimat. Untersuchungen in verschied. Haltungssystemen f. Milchvieh 657.
Koba (V.) s. Ul'janov (A.).
Kobčenko (N. A.) u. **Prejdunov (V. S.)**, Einzelkornsämaschinen 305.
Koblet (W.), Mechanische Traubenernte—Probleme u. Fortschritte 950.
Kobyljanskij (A. D.), Anlieferung u. Verteilung d. Futters 324. — Eine verbesserte Selbsttränke u. ein Elektrozaun für d. Laufstallhaltung v. Jungrindern 916.
Kocenenko (D. V.) u. **Voronov (Ju. I.)**, Umlaufende Trennvorrichtung für Hackfruchterntemaschinen 899.
Kočerygin (Ju. I.) u. **Bucharkin (V. N.)**, Landwirtschaftliche Ladegeräte 869.
Koch (H.), Pflanzenschutz-Gerätetechnik 378. — Anerkannte Pflanzenschutzgeräte u. -geräteteile 802. — Auszüge aus d. Prüfungsberichten *1960* 992.
Koch (M.), Kartoffelerntemaschinen in England 898. — 7. Internationale Vorführung v. Kartoffelerntemaschinen in England 898.
Kočerygin (Ju. I.), Norm für d. Kupplungen zwischen landwirtsch. Anhängern u. Räderschleppern d. Klasse *0,6—1,4* t 413.
Koči (J.), Maschinen für exakte Saat. Nur Zuckerrüben [889].
Köhler (G.) s. Körner (H. J.).
Köhn (O.), Großbuchtenhaltung im Altbau mit gruppenweiser Fütterung in d. LPG „Börde“, Dreileben 321.
Könekamp (A. H.), Entwicklung des Harvestore-Systems in Europa 136.
Koenig (W.), Statische Beanspruchung d. Ackerschleppers durch Frontlader 863. — Was ist u. wozu braucht man d. Regelhydraulik? 864.
Koenig-Fachsenfeld (R.), Einsatz v. Einachsschleppern mit Triebachsanhängern zum Stammholzrücken 627.
Koerner (C.), Ziegel als Baustoff 1171.
Körner (H. J.), **Küttner (K. H.)**, **Pokorny (J.)** u. **Schumacher (N. W.)**, Maschinenteile [525].
Körner (M.), Funktionssystematik Landmaschinen 275.
Körtge (W.), Ein neuer Wild- u. Kulturschutzzaun 990.
Körtge (W.) [Frankfurt/M.], Neues Rückegerät für Pferdezug 626.
Koeßler (P.) u. **Thomas (D.)**, Zulässige Höchstgeschwindigkeit ungefederter landwirtschaftlicher Fahrzeuge [1065].
Köstlin (A.), Entwicklungstendenzen u. Förderung d. landwirtsch. Bauens im Ausland 806. — Institut für landwirtschaftliche Bauforschung 1169.
Köstlin (A.), **Wander (J.-F.)** u. **Baltzer (K.)**, Wirtschaftsgebäude in d. Landwirtschaft als Betriebsmittel 1170.
Kogut (M. B.) s. Libcis (S. E.).
Kohl (F. W.), Arbeitsachsen in Wirtschaftsgebäuden 114. — Vielzweckgeräte in d. Innenwirtschaft 490. — Ausgesiedelter Spezialbetrieb mit Tabaktrockenschuppen 676.
Kohl (M.) s. Blumenthal (R.).
Kohlmeyer (A.), Elektrische Speicherheizung 926.
Kohlrausch (F.), Prakt. Physik zum Gebrauch für Unterricht, Forschung u. Technik [5].
Kojnaš (V. A.), Stände zur Klauenpflege bei Zuchtbullen 190.

Kokolia (V.), Speicherwirtschaft in d. LPG [1200].
Kolář (K.), Einrichtung v. Melkanlagen [1279].
Kolarov (M.), Analyse d. Methoden d. technischen Normung v. Schlepperfeldarbeiten 846.
Kolbai (K.), Möglichkeiten d. Mechanisierung d. Maisanbaues in Großbetrieben 156.
Kol'čenko (N.), Studentenarbeiten zur Planung ländlicher Siedlungen 1354.
Koleff (N.), Shetschewa (S.), Michoff (A.) u. **Bytschwaroff (S.),** Gemüsesaatguterzeugung [768].
Koleva (P.) s. Konstantinov (L.).
Koll (F.), Rinderlaufställe 127. — Bauliche Voraussetzungen für d. Mechanisierung d. Innenarbeiten 244. — Planung landwirtsch. Gebäude 382. — Rind auf d. Mittellangstand 1009. — Das Rind auf dem Kurzstand 1362.
Kollmann (F.-K.), Elektrische Speicherraumheizung 926.
Kollmann (K.), Kaspar-Sickermann (W.) u. **Stegemann (D.),** Verschleißmessungen mittels radioaktiver Isotope an Kolbenringen u. Gleitlagern v. Verbrennungsmotoren 841.
—, Stegemann (D.) u. **Kaspar-Sickermann (W.),** Messung d. Drehbewegungen v. Kolbenringen im Motorenbetrieb u. deren Einfluß auf d. Abdichtung 1048.
Kolomiec (A. A.), Mechanisierung d. Gemüseernte 1301.
Kolotij (M. P.), Mechanisierte Farm für Schweinemast 1019.
Kolpikov (M. V.), Mechanisierte einzelstammweise Nutzung in d. Wäldern d. I. u. II. Gruppe 1321.
Komaristov (V.) s. Petrusov (A. I.).
Komaroff (N. S.), Kältetechnisches Nachschlagebuch [1211].
Komarov (L. I.), Untersuchung d. Häckselapparates mit Fördergebläse 316.
Komarov (N. M.) u. **Malinin (K. M.),** Zoohygienische Erforschung d. natürlichen Wärmeausgleichs-Durchzugentlüftung 645.
Komissarov (A. M.) u. **Nazarov (S. I.),** Grundlage zur Berechnung d. Moorpflüge [717].
Komissarov (P. M.) s. Varlamov (G. P.).
Komšilov (N. F.) s. Kiščenko (T. I.).
Kondrat'ev (A.) u. **Avdjuškin (V.),** Zweischichtige Arbeitsweise bei d. Laufstallhaltung d. Kühe 69.
Kondrat'ev (V. N.), Deflektor-Sprühdüsen 488.
Koning (K. de.), Einsacken v. Sämereien beim Mähdreschen 175. — Schwadmähen u. Schwaddreschen 175. — Mechanisierung d. Rohrernte 180. — Neue Borga-Bohnenpflückmaschine 903.
— u. François (S. A. R.), Häckseldrusch statt Mähdrusch 1249.
— u. Lumkes (L. M.), Ernte v. Rohr in d. Niederlanden u. anderwärts 735.
Kononov (B.) s. Ul'janov (A.).
Kononučenko (N.), Hackwerkzeuge 426.
Konstantinov (L.), Erfahrungen im Bau u. in d. Nutzung d. vollmechanisierten Geflügelgroßfarmen in d. VR Bulgarien 748. — s. Iliev (B.).
— u. Koleva (P.), Bodenfreiheit d. Schlepper bei verengten Zwischenreihen d. Baumwolle 147.
Kontorer (A. M.) s. Zel'cerman (I. M.).
Konupčík (J.), Schlupfgröße d. Antriebsräder d. Sämaschine 1075.
Koornneef (H.), Verteiler-Kraftstoffpumpe 1209.
Kopetz (K.) s. Stoeckhert (K.).
Kopev (E. I.) s. Tomin (E. D.).
Kopřiva (A.), Mechanisierung d. Gewinnung u. Kompostierung v. Teichschlamm 1290.
Kopřiva (V.), Waldwege u. deren Instandhaltung [1338].
Kopyrin (V.), Neue Grundsätze d. Planung v. Siedlungen d. Neuland-Staatsgüter 1178.
Kornev (P.) u. **Lipkin (P.),** Industrielle Konstruktionen im ländl. Bauwes. 640.
Kornienko (P. P.), Mechanisierung d. Bodenbearbeitung in d. Forstwirtschaft [1320]. — s. Kurušin (F. M.).
— u. Usanov (A. V.), Verbesserung d. Pflugkonstruktion „PLP-*135*“ 363.
Korobenikow (A.), Prüfung landwirtschaftlicher Maschinensysteme in d. UdSSR 870.
Korobov (G. B.) u. **Mamrykin (K. I.),**

Mechanischer Schichtholzeinleger 1331.
Korobova (N.), Universelle Gemüse- u. Obstlagerhalle 1030.
Koroi' (V. K.) s. Siseckij (E. V.).
Korolenko (K. M.), Vorrichtung zum Unterpflügen v. Maisernteresten 163.
Korolev (V. F.), Milking methods and milking machines [194].
Korolev (V. I.), Verwendung der Bagger „E-*652*" u. „OM-*202*" auf Moorböden 618.
Korol'kov (E.), Hydrogewächshäuser 770.
Korol'kov (G.) s. Savčenko (A.).
Korotkich (G. I.), Entwicklungsperspektiven d. Aerosolapparaturen 1344.
Korovin (G. N.), Vervollkommnung d. Sprengtechnik bei d. Bekämpfung v. Waldbränden 235.
Koršikow (A.) s. Krylov (J.).
Korunov (M. M.), Optimale Schlagbreite u. Wegedichte in Waldmassiven 633.
Kosek (J.), Zur Frage d. Automatisierung d. mobilen Prozesse in d. landwirtschaftlichen Produktion 1036.
Kosel (G.), Typenprojekte für moderne Stallbauten 395.
Kosel (Gerhard), Sozialist. Enzyklopädie [245]*. — Fortschrittl. Typenprojekte für moderne Stallbauten 828.
Kosiek (Z.), Bibliographie d. polnischen Bibliographien d. Landwirtschaft 831.
Kosinetz (M. F.) s. Weber (H.).
Kośjanenko (L.), Winde „TL-*5*" mit Draggleine 1330.
Koskuba (K.), Beitrag zur praktischen Aerodynamik d. Getreidekorns. *2.* Mitt. 1047.
Košljak (N. D.), Mechanisierung des Rechnungswesens in Kolchosen u. Sowchosen 526.
Kosov (E. N.) s. Krasil'nikow (V. S.).
Koswig (M.), Messung u. Beurteilung d. Körnerverluste beim Mähdrusch —Auswertung d. Ergebnisse d. internationalen Mähdreschervergleichsprüfungen 892.
Košyć (J. I.) s. Rajko (V. I.).
Koteljanec (V.), Wirtschaftlichkeit d. Transportmittel 26.
Kotomina (G. A.), Anbausystem für d. Rückschlepper 1146.
Kotov (I.) u. **Vitrenko (T.)**, Konstruktionen aus großformatigen Elementen im ländlichen Bauwesen 384.
Kottenhoff (H.) s. Hoffmann (H.).
Kovačev (T.) u. **Čanev (N.)**, Bewegliche Trafostation für die Landwirtschaft 530.
Kováčik (J.) s. Bartoš (J.).
Kovács (T.) u. **Tibold (V.)**, Planung u. Organisation v. Maschinenarbeiten in d. Landwirtschaft 1206.
Kovalin (D. T.), Neue Technik u. Technologie in d. forstwirtschaftlichen Produktion [615].
Kovler (B.), Entwürfe für mechanisierte Geflügelfabriken 1027. — Karussell-Melkanlage 1364.
Kovrigin (A. I.), Verbesserung d. Umschaltung d. Winde Modell „LM-*47*" 1330.
Kowalczyk (O.), Kartoffelsammelroder „E *675/1*" u. d. Möglichkeiten zur Erweiterung d. Einsatzgrenzen 898.
Kozák (J.) s. Zelený (A.).
Kozel (P.) s. Kukta (G.).
Koževnikova (I. F.) s. Evreinov (M. G.).
Kozlov (A. I.) u. **Grechov (G. F.)**, Arbeitsversuche d. Wegebau- u. Wegeunterhaltungsbrigaden 1337.
— u. **Savin (A. I.)**, Verschweißen d. Waldbahnschienen im Forstindustriebetrieb Ojatsk 482.
Kozlovskij (P. I.) s. Demidov (G. K.).
Kraatz—Rotermund (I.), Tiefkühlkost im Haushalt. Eine Sonderschau in d. „Neuen Hauswirtschaft" 1106.
Krägeloh (H.) u. **Jordan (D.)**, Belüftung v. Stallräumen 1002.
Kraemer (F. W.), Abhängigkeit des Raumklimas v. Sonnenschutz u. Fensterlüftung 250.
Kräntzer (R.), Küche, Hausarbeitsraum u. Eßplatz in neuzeitlichen Wohnungen 1102.
Kraft (R.) s. Stoeckhert (K.).
Kraggerud (H.), Schweinemastställe 1368.
— u. **Gjerde (I.)**, Hühnerhäuser 1369.
Kragtwijk (C.), Betrachtungen über d. Gewächshaustypen auf d. Floriade 88. — Überlegungen beim Bau v. Gewächshäusern 351.
Krahnstöver (K.), Mechanisierung d. Transporte v. Erde innerhalb geschlossener Gewächshauswirtsch. d. Typs MZG *0/55* 343. — Umlufthei-

zung „System Kulkwitz“ 353. – Beheizung v. Gewächshausanlagen durch Abwärme v. Kraftwerken 353.
Krahnstöver (K.) u. **Engel (D.)**, Erfahrungen mit Umluftheizung „System Kulkwitz“ 353.
–, **Kämpfner (K.)** u. **Richter (W.)**, Erfahrungen d. „GPG d. Friedens“, Borna, mit d. Umluftheizung 1297.
Krailling s. Dörhöfer.
Král (F.) s. Mašek (V.).
Král (V.), Desinfektion d. forstlichen Saatgutes durch Beizen [969].
Kramer (H. A.) u. **Decker (R. W.)**, Elektron. Samenzähler 181.
Kramorov (Ju. I.), Verwendung von Elektromotoren für höhere Frequenzen in d. Tierzucht 74. – Schermaschinen mit eingebautem E-Motor 74.
Krane (H.) s. Preuschen (G.).
Krašeninnikov (S. N.), Trennung d. Kartoffel v. Erdkluten u. Steinen mit elektronischen Vorrichtungen 897.
Krasil'nikov (V. S.), **Kosov (E. N.)** u. **Ognetova (T. R.)**, Organisation mechanisierter komplexer Arbeitsgruppen in d. Schweinezucht [1100].
Krasnikov (V. V.), Aufzugstransportmaschinen in d. Landwirtschaft [547].
Krasnoščekov (M. M.), **Pachomov (B. P.)** u. **Markovskij (E. A.)**, Untersuchung d. Verschleißfestigkeit v. Kurbelwellen mit radioaktiven Isotopen 15.
Krasnoščekov (N.), Arbeit der Traktoren „DT- *54*“ u. „Belarus“ bei erhöhten Geschwindigkeiten 19. – s. Dimitriev (F.).
Krasnov s. Mel'nikov.
Krause (O.), Hat d. Anbindestall als Kaltstall eine Perspektive? 816, 909.
Krause (V.), Kartoffel-Erntemaschinen 728. – Standardzahlen für d. Arbeitszeitmessung 1045. – Rübenerntemaschinen 1257. – s. Preuschen (G.).
– u. **Rohde (H. D.)**, Kartoffelernteverfahren 52.
Krause–Bergmann (P.), Aufsammelpresse in d. Praxis 46.
Krausp (V.) s. Budso (I.).
Krautter (W.) s. Kamm (W.).
Kravčenko (V.) s. Vajnštejn (S.).
Kravčuk (A. T.), Ein Fischgrätenmelkstand 1013.
Kravec (D.) s. Djatčin (A.).
Krax (H.), Be- u. Entlüftung v. Geflügelställen 671.
Krečetova (M. V.), Anwendung d. pneumat. Reinigungsgeräts „SSP-*1,5*“ für d. Bearbeitung v. Getreide 182.
Kreck (H.-J.), Elektr. Heißwasserbereitung 78.
Kreher (G.) s. Preuschen (G.).
Kreil (W.) s. Berg (F.).
Kreitmeier (J.) u. **Meincke (K.)**, Stallentmistungsanlagen 920.
Křelina (J.), Schaumglas im landwirtsch. Bauwesen 247.
Krell (K.-H.), Gesichtspunkte zur Beurteilung d. Notwendigkeit v. Blitzschutzanlagen auf Hochbauten 809.
Kremser (H.), Ländl. Wege mit Dekken aus Traßkalk-Schotter-Beton 811.
Krenz (R. D.) s. Heady (E. O.).
Kresser (W.), Lehre u. Forschung auf d. Gebiete d. Wasserwirtschaft in Österreich 870.
Kretzschmar (G.) s. Wacker (H.).
Kretzschmar (H.), Wagenköpfroder „*E 710/4*“ u. d. Zusatzeinrichtung „*E 723*“ zum Längsschwadköpfroder „*E 710*“ 902.
Kreyger (J.), Belüftungstrocknung von Getreide. *2*. Mitt. 577.
Kriebel (M.), Futterernte mit d. Feldhäcksler 1080.
Krienke (C. F.), Lagerung v. Heizöl für Einzelheizgeräte 338.
Krijgsman (H. K.), Wahl d. Transportmittel 1284.
– u. **Lookeren, Campagne (P. van.)**, Noch keine Großkiste im Niederländischen Obstbau 1123.
Kril (R.), LPG Murchin baut moderne Schweinemastanlage 260. – Warmbauten in industrieller Bauweise 809.
Krischer (O.), Zur Frage d. Festlegung d. Bedingungen für d. Prüfung d. Wärmeabgabe v. Heizkörpern 926.
– u. **Raiss (W.)**, Richtlinien für d. Prüfung v. Raumheizkörpern 926.
Krisjuk (V. I.), Hilfsausrüstung für Scherpunkte 336. – Neues in d. Belüftung v. Schafställen 669.

Kritzer (R.), Berechnung d. Formzahlen v. Kurbelwellen 689.
Křivan (J.) s. Jarnik (J.).
—, Kříž, (J.) u. **Reichl (J.),** Rinderaufzuchtstall für *200-300* Stück Jungvieh 1012.
Krivenko (P. M.) u. **Mironov (A. P.),** Besonderheiten d. Verbrennungsprozesses in Dieselmotoren beim Anlassen 695.
Křivohlavý (V.), Zuckerrübenaufladen mit Hilfe d. Gabelkörbe 733.
Krivošej (M. N.) s. Morduchovič (A. I.).
Kříž (J.) s. Křivan (J.).
Kříž (M.) s. Zelený (A.).
Krjaklin (Ju.), Wege aus Schnee 633.
Krjučkov (V. K.), Ladeauto „LM-7" im Forstindustriebetrieb Kosino 1333.
Krjukov (E.) s. Batrakov (K.).
Krjukov (N. A.), Eichenkulturen mit rechteckigen Pflanzlöchern 967.
Krödel (F.), Einsatz v. Erntemaschinen im Feldgemüsebau 776.
Kröll (J.), Einführung in d. landwirtschaftliche Bauwesen 998.
Krolis (K. E.) u. **Oving (R. K.),** Große oder kleine Mähdrescher? 563.
Kronmarck (S.), Zusammenhänge zwischen Dauerfestigkeit d. Stahles u. seinen sonstigen mechanischen Eigenschaften 682.
Krschka (K.), Ladewagen — eine interessante Neuentwicklung 869.
Krüger (Heinz), Vergleichende stallklimat. Untersuchungen in Rinder- u. Schweineställen d. oberrhein. Tiefebene mit bes. Berücksichtigung d. Abkühlungsgröße 644.
Krüger (Horst), Kostenabrechnung als Grundlage für d. Planung v. Betriebsorganisation u. Arbeitswirtschaft in Hackfruchtbaubetrieben. Teil I. Zuckerrübenbaubetriebe 835.
Kruft (F.), Gesteuerte Befeuchtung durch Beregnung im Obstbau 1113.
Kruizenga (J. J.), Ausstellung „Die Landmaschine *1962*" 111. — Erntemethode u. Knollenbeschädigung bei Kartoffeln 177. — Vorführung v. Transportverfahren bei d. Heuernte 430.
Krupp (G.), Einfluß d. Mechanisierung d. Feldarbeiten auf d. Bodenstruktur 30. — Über ein technisch, ackerbaulich wie auch arbeitswirtschaftlich vertretbares Verfahren der Bestellung v. Stoppelzwischenfrüchten [1241]. — s. Frey (J.).
Krupp (G.) u. **Schiller (W.),** Plantagen-Egge — ein neues Gerät zur Bodenbearbeitung in Obstkulturen 459.
Kruschik (J.), Ford-Fahrzeug-Gasturbine „*704*" 689.
Kruse (H.), Schmierölpumpen beim Kaltstart v. Verbrennungskraftmaschinen 689.
Krušek (A.), Gartenarbeit. Teil *1.* u. *2.* [201].
Krutov (P.), Stroh im ländlichen Bauwesen 383.
Krylov (Ju.), Gorlov (V.) u. **Koršikov (A.),** Anbau-Grabenziehgerät mit einem Streichblech 705.
Krysiak (J.), Fertigung v. Meliorationsmaschinen in Polen 1230.
Krzymowski (R.), Geschichte d. dtsch. Landwirtsch. [138].
Kubíček (J.), Umbau unausgenützter Objekte zu Hallen für Tiefstreuhaltung v. Legehennen 1196.
Kubyšta (N. N.), Abgas-Sprühgerät „OVG-*1*" für Weinpflanzungen 955.
— u. **Avakimjan (P. M.),** Hydraulischer Pflanzlochbohrer „*GVN-2*" 938.
Kučer (P.), Gornovesov (G.), Fliger (N.), Gopka (V.) u. **Rudenko (N.),** Schweinemastzentrale für 10 000 Schweine 1021.
Kučerenko (F. T.) u. **Rudjak (N. I.),** Maschine zur Bedeckung d. Rebstöcke für den Winter 86.
Kučin (S. P.) s. Zagorskij (I. M.).
Kudlaj (F.) s. Vasil'čenko (U.).
Kudrjavcev (A. A.), Projektierungsnormen d. Bauten für landwirtschaftl. Nutztiere 125. — Normen für d. Ventilation v. Geflügelställen 672.
Kügler (E.), Mechanisierte Frühbeetkästen 1119.
Kümmerer (E.), Sieben Jahre Erfahrungen mit d. Heubelüftung 904.
Küttner (K. H.) s. Körner (H. J.).
Küttner (L.), Anwendung d. Mathematik in der Gebiets-, Stadt- u. Dorfplanung 119.
Kugenev (P. V.) u. **Ščuka (V. P.),** Ein Apparat zur Milchkühlung während d. Melkens 924.
Kuhlmann (F.), Ist d. stärkere Ausbau v. stationären Beregnungsanlagen ein Weg zur Verringerung d. Arbeitsaufwandes? 1232.

Kuhnert (L.) s. Baganz (K.).
Kuhrig (H.), Welche Möglichkeiten bietet d. moderne Landtechik zur Vermeidung v. Bodenstrukturschäden bei d. Bestellarbeiten — bes. im Frühjahr 885.
Kuipers (H.), Folgen der heutigen Mechanisierung f. d. Bodenstruktur 528.
— u. **Ouwerkerk (C. van)**, 3jährige Versuche über d. Einfluß v. frühem u. spätem Pflügen auf d. Boden 878.
Kukta (G.) u. **Kozel (P.)**, Mechanisierung d. Arbeiten in d. Milchviehwirtschaft [1101].
Kulik (J.) u. **Bernhard (K.)**, Genormte Ersatzteile für in d. Landwirtschaft verwendete Maschinen [1044].
Kulik (M. E.), Verwendung v. elektr. Leuchten zur Feststellung u. Vernichtung schädl. Insekten 242.
Kulikovskij (A.), Kuhstallgebäude mit niedrigen Wänden 508.
Kulitschenko (W.), Desinfektions- u. Insektenbekämpfungsgeräte 238.
Kulke (E.), Über welche baulichen Möglichkeiten verfügt d. Landbauarchitekt, um im Wohnteil v. Altwie Neubaugehöften Arbeitsverbesserungen für d. Bäuerin herbeizuführen? 815. — Bautradition u. neuzeitliche Planung 1360.
Kummer (S.), Ein Hof wird installiert. Planung von Elektroanlagen in Haus u. Hof — ein Planungsbeispiel 530. — Planung v. Elektroanlagen in Haus u. Hof — ein Planungsbeispiel 1179.
Kumst'yř (K.), Grundlagen d. Gartenbaus. Lehrbuch für mittlere landtechnische Schulen, Fachgebiet: Anbau u. Züchtung [933].
Kunath (L.), Zur Bodendichtebestimmung mit Bodensonden 837.
Kunczynski (Z.), Analyse d. Bedarfs an landwirtschaftlichen Transporten auf Grund einer in Polen durchgeführten Forschungsarbeit 544.
Kunert (H.), Heißes Wasser zur Arbeitserleichterung d. Bäuerin 925.
Kuntze (H.), Vorschläge zur Untergrunddüngung 713. — Einsatzmöglichkeiten d. Vakuumfasses 1073.
Kunz (G.) s. Müller (W.).
Kuosman (V. V.) u. **Belovzorov (L. N.)**, Leistung d. Motorsägen ist zu erhöhen 1325.
Kupferschmid (G.), Be- u. Entladegerät zur Schichtholzabfuhr 799.
Kuprianoff (J.), Lebensmitteltechnik (Jahres-Literaturübersicht) 930.
Kupsch, Neues aus d. Geflügelzucht u. -haltung in Brasilien 1270.
Kurilo (V. S.), Das Roden u. d. Rücken starker Bäume 1318. — s. Zima (I. M.).
Kurkov (S.), Für jeden landwirtschaftlichen Betrieb ein mechanisiertes Futterhaus 916.
Kurov (Ju. A.), Geflügelstall d. Firma „Jamesway" für *10000* Broiler 673.
Kuruc (B.), u. **Hořák (Z.)**, Zweiphasenernte b. Körnermais 432.
Kurušin (F. M.), **Rusanov (S. G.)** u. **Kornienko (P. P.)**, Mechanisierung d. Aufforstungsarbeiten 360.
Kusov (T. T.), **Aggert (B. A.)** u. **Dudko (V. I.)**, Ergebnisse v. Kartoffelroderprüfungen 897.
Kuteev (F. S.) s. Tropin (I. V.).
Kuvaldin (B. I.), Geräte zur Instandhaltung d. Schmalspurstrecke 105.
— u. **Basov (Ju. I.)**, Verschweißen d. Schienenstöße d. Waldbahnen 482.
Kuvšinov (Ja. I.), Arbeitsweise d. Traktormotore im Winter 538.
Kuź (S. G.) s. Bačurin (N. E.).
Kuźmenko (V. P.) u. **Skvorcov (S. I.)**, Ein automatisierter Schweinemaststall 912.
Kuźmin (N. M.), Laufwagen System „Istomin" 481.
Kuźmin (V.) u. **Lastovenko (V.)**, Erfahrungen bei d. Mechanisierung d. Gemüseernte 1302.
Kuznecov (A. A.), Bestimmung d. spezif. Bodenwiderstände nach Bodenfestigkeit 284.
Kuznecov (F. I.) s. Ginesina (E. M.).
Kuznecov (V. I.), Elektrische Fußbodenbeheizung in Schweineställen 1016.
Kuznecova (M.) s. Gukin (V.).
Kuznezov (B. F.), Zuckerrübendrillmaschine „*2* SPS-*6*" mit einer Vorrichtung zum Ausdünnen 40.
Kvåle (A.), Maschinelles Ernten d. schwarzen Johannisbeere 1304.
Kvasnikow (V. V.) u. **Brjuchov (A. M.)**, Agrotechn. Bewertung v. Schnellpflügen 421.

LaBelle (R. L.) s. Massey jun. (L. M.).
—, Markwardt (E. D.) u. **Guest (R. G.)**, Mechanische Ernte v. Wirtschaftsäpfeln 1305.
Lachtionov (V.) s. Černičko (A.).
Lacombe (R.), Tendenzen, d. d. Landmaschinensalon erkennen ließ 467.
La Cour Jensen (A.), Arbeitsaufwand in d. Hühnerhaltung 441.
Lafrance (J.) u. **Tremblay (R.)**, Bemerkungen über einen Kartoffelroder für kleine Versuchsparzellen 1251.
Laguta (A.), Grastrocknung in Schrägrostdarren 739.
Lajko (M. V.), Perspektiven d. Arbeitsproduktivität 358.
Lakosi (J.) s. Fekete (I.).
Lakoza (I. I.) u. **Levin (A. B.)**, Der Versuch d. Milchviehhaltung in mechanisierten Farmen 746.
Lambeck (A.), Probleme d. automat. Geschirrspülens 197.
Lambertus (L.), Elektrogeräte erleichtern d. Bodenpflege 82. — Schleudern u. Trocknen zwei Teilgebiete d. Waschtechnik 454. — Elektroherde. Gute Zugänglichkeit d. Schaltorgane und übersichtl. Verdrahtung erleichtern d. Kundendienst 596.
Lambrecht (H. F. W.), Bauplanung u. maschinelle Einrichtung im Molkereibetrieb 502.
Lammel (K.), Bodenbearbeitung in Hanglagen [552]. — Neue Geräte für d. Bodenbearbeitung in Obstanlagen 939.
Lammert, Schad u. **Wieja**, Gewächshaus in Mastenbauweise in der LPG Berlin-Wartenberg 463.
Lampe (E.), Behagliche Wärme 196.
Lampe (K.), Royal-Smithfield-Show *1962* gibt zu denken 996.
Lampe (M.), Automatik am Elektroherd 930.
Lampeter (W.) u. **Feiffer (P.)**, Höhere Grassamenernten durch bessere Erntetechnologie u. konstruktive Verbesserungen am Mähdrescher. *1*. Ergebnisse d. MD-Großversuche im Grassamenbau 726.
Lamprecht (P.) s. Schick (R.).
Lanckow (J.), Pflanzenbauliche Ergebnisse zur Zusatzbelichtung v. Salatpflanzen 464. — s. Vogel (G.).
Landa (V.), Leistungsfähiger Zuckerrüben- u. Blattauflader „NR-*120*" 58.
Landman (Y. S.), Erfahrungen u. Probleme bei d. Mechanisierung d. Getreideernte 48.
Landmann, Selbstfahrender Schwadmäher 723.
Landzettel (W.), Wohnen im Bauernhaus 1006. — Wohnbereich d. bäuerlichen Familie 1358.
Lanen (J.) s. Recoules (J. Ph.).
Lang (E.), Überlastprüfung v. Landmaschinen 280.
Lang (G.), Erfahrungen über d. Organisation u. d. Einsatz von Großmaschinen im forstlichen Straßen- u. Wegebau 1151.
— u. **Erdélyi (E.)**, Mechan. Anlagen für d. Schlachten v. Geflügel 324.
Lang (R.) s. Wälzholz (G.).
Lange (A. H.), Reaktion v. solo papaya auf Mulchen 350.
Lange (B.) s. Holz (W.).
Lange (H.), Mechanisierung d. Innenwirtsch. einer LPG 499.
Lange (H.-J.), Montagefähige Dungplatte 824.
Lange (S.), Feuerwachtürme in Gegenwart u. Zukunft 631. — Einsatz d. Technik bei d. Waldbrandverhütung u. -bekämpfung 1149.
— u. **Missbach (K.)**, Tagungsberichte *1961* d. Arbeitsgemeinschaft „Waldbrandverhütung u. -bekämpfung" 632.
Langelüddecke (H.), Einsatz v. Hopfenpflückmaschinen in d. DDR 58.
Langenmayr (H.), Die zementvermörtelte Schotterdecke im Wirtschaftswegebau 1354.
Langer (J.) s. Mührel (K.).
Langerak (D. I.) u. **Zeeuw (D. de.)**, Preservation of soft fruit by ionizing radiation in the Netherlands [690].
Langhans (R. W.) s. Haman (J. J.).
Lantelmé (W.), Rationelle Unkrautbekämpfung in Forstgärten u. Baumschulen 1136.
Lanz (H.), Mechanisierung d. Verteilvorganges — ein wichtiges Glied in d. Arbeitskette Heubereitung 1089.
Lapan (A. A.), Nomogramme für d. Aerosolbehandlungen 1344.
Larjuchin (G. A.), Mechanisierung d. Aussaat in d. Waldwirtschaft [1321].

Larsen (L. F.), Hurlbut (L. W.), Steinbruegge (G. W.) u. **Sulek (J. J.)**, Massey-Ferguson Dieselmotor „MF-*50*“; Nebraska Test 149. – Massey-Ferguson Dieselschlepper „MF *65* Dieselmatic“; Nebraska Test 149. – International-Traktor „*4300* Diesel“; Nebraska Traktor-Test 851. – Farmall-Traktor „*504* Diesel“; Nebraska Traktor-Test 852. – International-Traktor „B *414* Gasoline“; Nebraska Traktor-Test 852. – Farmall-Traktor „*404* Gasoline“; Nebraska Traktor-Test 853. – Farmall-Traktor „*504* Gasoline“; Nebraska Traktor-Test 853. – Farmall-Traktor „*504* LPG“; Nebraska Traktor-Test 854. – Kramer-Traktor „KL *400* Diesel“; Nebraska Traktor-Test 854. – Massey-Ferguson-Traktor „Super *90* Diesel“; Nebraska Traktor-Test 854. – Oliver-Traktor „*1900* Serie B Diesel“; Nebraska Traktor-Test 1052. – Oliver-Traktor „*1800* Series B Diesel“; Nebraska Traktor-Test 1052. – Oliver-Traktor „*1800* Series B Diesel“ mit Vierradantrieb; Nebraska Traktor-Test 1053.

–, Steinbruegge (G. W.), Sulek (J. J.) u. **Yung (F. D.)**, Allis-Chalmers-Traktor „D *19* Diesel“; Nebraska-Test 850. – Allis-Chalmers-Traktor „D *10* Gasoline“; Nebraska Traktor-Test 850. – Allis-Chalmers-Traktor „D *19* LPG“; Nebraska Traktor-Test 851. – Allis-Chalmers-Traktor „D *12* Gasoline“; Nebraska-Traktor-Test 851. – Allis Chalmers-Traktor „D *19* Gasoline“; Nebraska Traktor-Test 855.

Larsson (B.), Südschwedisches Langhaus 652. – Schwedische Altersheime 653.

Lascelles (A. K.) s. Whittlestone (W. G.).

Lastovenko (V.) s. Kuźmin (V.).

Lategahn (E.), Vollmechanisierung d. Heuernte durch Heuturm 316.

Latenko (B.), Anlage für d. automatische Zuführung d. Nährlösung zu d. Pflanzen 1300.

Latenko (B. V.), Anlagen für d. Spritzung d. Pflanzen in d. Gewächshäusern 1313.

Latyševa (G.), Viehställe in Bulgarien 656.

Laubgan (A.), Transportabler Motorbohrer 471.

Lauenstein (A.), Prüfung von Maschinen u. Geräten für d. Gartenbau 456. – Automatisierte Lüftung 944.

– u. Feiks, Möglichkeiten d. Mechanisierung v. Arbeitsgängen im Pflanzenbau unter Glas 354.

Lauterbach (L.), Einsatz d. Hubgabel beim Palettenverkehr im Obstbau 343.

Lawrence (D. C.), Richardson (P.) u. **Phillipson (A.)**, „Motom“-Motorfräse M *2*; N.I.A.E.-Test 347. – „Cooch“-Zwiebelputzmaschine; N.I.A.E.-Test 1124. – Einachsschlepper „Auto-Culto MK IX“; N.I.A.E.-Test 1213.

Leach (E. F.) u. **Weber (J. A.)**, Verbesserung d. Kraftstoffausnutzung v. Traktormotoren im Teillastbereich 857.

Lebedev (N. P.), Ermittlung eines Arbeitsorganes für d. mechanisierte Tomatenernte 207.

Lebedev (P.), Stallungen für Wechsel-Gruppenhaltung v. Kälbern unter Bedingungen Sibiriens 1190.

Lebedik (A. I.), Welchen Traktortyp benötigt d. Zuckerrübenwirtsch. 146. – Fortschrittliche Technologie d. Zuckerrübenanbaus 295.

Lebedinskij (A. V.) u. **Moskalev (Ju. I.)**, Biologische Wirkung d. Radiation u. Fragen d. Verteilung radioaktiver Isotope [1049].

Lechner (K.), Erprobungsbau d. Reihe Warmbauten in Mastenbauweise 116.

Lechner (L.), Technische Hilfsmittel in d. Pflanzenzüchtung u. im Versuchswesen 83.

Lechner (W.), Kleintraktor, eine notwendige Maschine für d. moderne Forstwirtsch. 95.

Leefe (J. S.), Ein logarithmisch arbeitendes Dosiergerät für Kleinparzellen-Behandlung 994. – s. Webster (D. H.).

Leenheer (L. de.), Mechanisierung u. Bodenstruktur 528.

Lees (J. L.), Kühe auf Spaltenböden 816.

Lefaux (R.), Bedeutung d. Plaststoffe für Verpackung v. Obsterzeugnissen 355.

Lehmann u. **Herrmann**, Steuerautomat für Heu-Belüftungsanlagen 181.

Lehmann (G.), [Neubrandenburg], Stockrodung u. Vollumbruch in d. Staatl. Forstwirtschaftsbetrieben d. Bezirkes Neubrandenburg im Jahre *1963* 1319.
Lehmann (G.) [Stuttgart], Praktische Arbeitsphysiologie [402].
Lehmann (G.), Technische u. bauliche Gestaltung d. Hauses in ihrer Bedeutung für d. Arbeitsbelastung 1357.
Lehmann (H. A.), Richey (C. B.) u. **Fletcher (E. H.),** Entwicklung v. Hydraulik-Systemen für Traktoren 1059.
Lehmann (W.), Einführung d. Serienfertigung im Kreis Kyritz 511. — Spezialisierte Baukapazitäten im landwirtsch. Bauen 643. — Ländliches Bauen im Kreis Gransee 807.
Lehoczky (L.), Frage der Geschwindigkeitserhöhung d. Pflügens 35. — Auswirkung d. Steigerung d. Pfluggeschwindigkeit auf Zugkraftbedarf und physikal. Eigenschaften d. Bodens 301.
Leib (E.), Betriebswirtschaftliche Fortschritte in d. Landwirtschaft 1339.
Leijonhufvud (A. C.), Entwicklungstendenzen in d. Forstwirtsch. 211.
Leitner (A.) s. Sass (F.).
Leja (Ja. Ja.), Trockenkammer für Brutabfälle 584. .
Lejbenko (V. M.) s. Markovskij (S. G.).
Leksau (I.), Auswechselbare Anhängevorrichtung 784. — Lastzug zum Langholztransport 1334.
Leluc (M.), Rationalisierung d. Arbeit im Offenlaufstall bei kleineren u. mittleren Beständen 910.
Lemaitre (R.), Schwarze Plastikfolie für d. Bodenbedeckung im Gartenbau 604.
Lemel'man (T.), Bäckereien für d. Dorf 394.
Lemeško (V.), Maschinenträger „SS-*45*" 695.
Lemke (W.) s. Schick (W.),
Lengsfeld (J.), Landwirtschaft u. Straßenverkehr 701.
Lentz (J.-H.), Moderne Kartoffelernte 1085.
Lenz (H.), Der Einsatz d. Sprengtechnik sowie d. Technologie bei d. Waldbrandbekämpfung 987.
Lenz (H.) u. **Muschalla (X.),** Stockholzausformung im StFB Weiwasser 376.
Leonard (R. K.) s. Bingley (G. W.)
Leonov (I. P.), Pneumatische Fördereinrichtung für d. mechanisierte Tabakernte 734. — Bewegung d. grünen Tabakblattes im vertikalen u. schrägen Luftstrom 734.
Lepasalu (P.), Verwendung v. Kübelschrappern für d. Entmistung 921. — Vollmechanisierung eines Schweinestalles 1018.
Le Ray (J.), Forstlicher Holztransport auf Schmalspurbahnen u. mit Lastwagen im trop. Westafrika 233.
Lerner (F.), Morozova (N.), u. **Poljanskaja (E.),** Ausstattung v. Ställen mit Wasserleitungen ohne Metallrohre. 650.
Lerner (M.), Heubelüftung 269.
Leschik (J.), Verbesserung bestehender Offenstallanlagen 511.
Lesesne (E. H.) s. England (C. B.).
Leškevič (A. I.), Barsukov (M. V.) u. **Ključnikov (V. Ju.),** Kombinierte automatische Kappsäge 475.
Lessells (W. J.) s. Wilson (A. R.).
Leuschner (J.), Notizen zur Traktorenperspektive 690.
Leuthier (H.), Das Jauche- u. Abwasserproblem im landwirtschaftlichen Großbetrieb 1273.
Lev (M. A.), Grundfragen d. automat. Regelung d. Betriebszustände im Brutapparat 323.
Levanto (S.), Rückegerät für Pferdezug 627.
Levetzow (H.), Landwirtsch. Wegebau durch Bodenverfestigung mit Strassenteer in Niedersachsen 650.
Levickij (I. I.), u. **Chusainov (F. G.),** Holzeinschlag auf d. Plateau v. Ufa 1324.
Levin (A. B.) s. Lakoza (I. I.).
Levin (J.), Tränken v. Schafen auf Weiden 188.
Levinskij (N.), Komplexserie ländlicher Wohn- u. Kulturbauten zum Bau in Neulandgebieten 392.
Levy (J. F.) s. Audibert (M.).
Leykauf (H.) s. Grimm (K.).
Libcis (S. E.) u. **Kogut (M. B.),** Elektromagnet. Reibungs-Lenkkupplung d. Traktors „DT-*20* V" 408.
Lidberg (B.), Neuer Entaster 369.

Liebe (H.), Getreidelagersilos u. Trockner aus Aluminium 134.
Liebe (H. P.), Aluminium in d. Landwirtschaft 1000.
Liebeskind (E. A.), Einzelkornsaat bei Zuckerrüben bewährt sich in d. Praxis 1237.
Liebscher (A.) s. Fritzsche (E.).
Liebster (G.), Ausbringung v. Pflanzenschutzmitteln über d. Beregnungsanlage 613.
Liljedahl (L. A.) u. **Strait (J.)**, Automat. Traktorlenkung 153.
Lilleng (H.), Verbesserung d. Stallklimas in einem Rinderstall durch Verstärkung d. Wärmedämmung und Einbau eines Lüfters 1362.
Lillie (D. T.), Tragbares Feldspritzgerät mit Co_2-Druckerzeuger 635.
Lilliehöök (B.), Laufstallhaltung 125. — Anpassung d. Betriebsgebäude an d. Entwicklung d. Landwirtsch. 244. — Ökonomische Realitäten 1188. — s. Nyström (B.).
Ljubimov (B. A.) s. Begidžanova (A. P.).
Ljutivinskaja (T.), Beratung über Probleme d. Projektierung u. d. Baues v. Sowchosen im Neulandgebiet 1034.
Lindén (P.), Verladen v. *3* m-Faserholz mittels Greifer 479.
Lindgren (G.), Ambulanz in Östra Husby 124.
Lindner (G.), Zehn Jahre Waldwegebau im Bezirk Karl-Marx-Stadt 1153.
Lindner (H.), Leistungsvergleiche beim Pflügen helfen d. Qualität d. Bodenbearbeitung verbessern 709.
Lindström (I.), Normaltypen für Holzlagerplätze 475.
Lingk (H.), Gebäudepreise landwirtschaftl. Produktionsbauten 383.
Linghart (H.), Bericht über d. Tätigkeit d. Abt. für landwirtsch. Bauwesen d. Landeskammer für Land- u. Forstwirtsch. in Steiermark 245. — Aktuelle Fragen d. landwirtsch. Bauwesens unter besonderer Berücksichtigung d. Betriebswirtsch. 638.
Link (E.), Ölheizung im Landhaushalt 251.
Linnecken (H.), Berechnung schnelllaufender Flachriementriebe insbes. solcher mit Kunstoffriemen 276.
Linser (H.) s. Kaindl (K.).
Linsley (R. K.) s. Bagley (J. M.).
Lipkin (P.), Errichtung v. Viehställen in industrieller Bauweise 1175. — s. Kornev (P.).
Lisičkin (F. I.), Arbeitsschutztechnik bei d. Aufbereitung v. Windwurf 1324.
Lissowski (G.), Entwicklung u. Einsatz einer Siebkette mit Gummisträngen 314.
Litinskij (S. A.), Erfahrungen u. Perspektiven d. Automation bei d. Führung v. Traktorenaggregaten [699].
Litvinenko (I. T.) s. Baranov (G. F.).
Livanov (A. P.) u. **Burlak (A. P.)**, Lastzug für d. Schichtholztransport im Gebirge 1334.
Livermore (D. G.), Großkistenverwendung u. Lagerung v. Äpfeln u. Birnen 1125.
Livšic (N. V.) s. Gorochovskij (K. F.). — u. **Šanaurov (J. N.)**, Geräte zur Bestimmung d. Belastung d. Transporteure 1326.
Lobenwein (A.) u. **Sutner (W.)**, Harvestore-Betrieb Nantesbuch in Oberbayern 1199.
Löffler (H.) s. Steinlin (H.).
Löhr (L.), Heuernte im Steilgelände mit Heugreifer 173.
Lööw (H.) s. Andersson (Y.).
Lötter (J. de V.), Erntet eure Früchte in Großkisten 207.
Loewel (E. L.), Über d. Bodenbehandlung in Obstanlagen 1288.
Löwer (H.), Klima- u. Kältetechnik in den USA *1961* 338.
Lohse (D.) s. Schumm (H.-R.).
Lojko (A. M.), Was stört d. Genauigkeit d. Aussaat? 1238.
Lomaka (V. A.) s. Matusevyč (V. F.).
Lommatzsch (R.-E.), Räucherschränke noch gefragt? 340. — Ist Gas für d. Landhaushalt interessant 759.
Long (M. E.), Was man v. den Traktorreifen wissen muß 289.
Lookeren s. Krijgsman (H. K.).
Loomann (J.), Erfahrungen mit Sichtlochkarten für d. Dokumentation 1039.
Lopatin (G.) u. **Šuran (I.)**, Entwürfe für komplexe Wassergeflügelfarmen 1196.

Lorenz (H.), Einsatz, Leistungen u. arbeitswirtsch. Auslastung d. Radschlepper vom Typ „RS *04/30*“ bzw. „RS *14/30*“ – untersucht mit Hilfe d. Lochkartenverfahrens 693.
Loreti (F.), Mechanische Ernte d. Produkte im Obst-, Oliven- u. Weinbau 776. – Fortschritte d. Mechanisierung d. Obsternte 1302.
Los (G. J.) s. Roer (P.).
Łosickij (K.), Wissenschaft in d. sowjet. Forstwirtschaft 96.
Loycke (H. J.) Forstarbeit d. Betriebes als Erkenntnisobjekt d. forstlichen Arbeitswissenschaft 615. – Maschineneinsatz im Forstbetrieb. Techn. Grundlagen; wirtschaftl. Voraussetzungen. Mechanik d. Schleppers im Forsteinsatz 617. – Wirtschaftliche Stockrodung 964. – Forsttechnische Prüfung u. Praxis 1134.
Lubański (L.) s. Bedyński (B.).
Lucas (M.), Arbeitserleichterungen in d. Küche 393. – Beratung bei d. Kücheneinrichtung im Alt- u. Neubau 1006.
Lucas (N. G.), Großbritanniens erste selbstfahrende Zuckerrübenmaschine 1258.
Luckan, Beitrag zur Prüfung verschied. Bauarten für Wirtschaftswege 93.
Ludington (D. C.) s. Blanpied (G. D.).
Lüdecke (H.), Chemische Unkraut- u. Schädlingsbekämpfung bei Zuckerrüben 485.
Lüdemann (H.), Maschinen für d. Getreideernte 562.
–, **Meyer-Wilmes (K.)** u. **Werner (G.)**, Wir kaufen einen Mähdrescher[176]*.
Lüders (W.), Spritzgerät für d. Prüfung v. Pflanzenschutzmitteln im Freiland 803.
Lünzmann (K.), Mechan. Langholzverladung 105. – Maschinelle Unterhaltung v. Waldwegen 1154.
Lugg (G. W.) s. Fraser (A. K.).
Lukin (N. P.) u. **Daškevič (I. I.)**, Schwere Scheibenegge „BDT-*2,5* A“ 713.
Lumkes (L. M.) s. Koning (K. de.).
Lundberg (E.), Restaurieren v. Gebäuden 643.
Lundqvist (K.), Laufende Baukontrolle 117.
Lundström (T.), Schutzkabinen u. Schutzrahmen für Traktoren 25.
Lupakov (V. P.) u. **Kaliničenko (N. P.)**, Vorrichtung zum Pflug „PL-*70* A“ für d. Lockerung d. Bodens in den Furchen 218.
Luŕe (L. S.) s. Evreinov (M. G.).
Luthin (J. N.) s. Brutsaert (W.).
Lutz (H.) s. Schüle (W.).
Lutz (I.), Elektro-Installation nach arbeitstechnischen Gesichtspunkten 450.
Lux (K.), Mechanisierung d. Rodearbeiten in d. Baumschule 87. – Maschinelle Pflanzung v. Obstgehölzen in d. Baumschule 1115.
Lycett (K. S.), Intensivhaltung v. Schlacht- u. Milchvieh 253. – Betriebsgebäude als Typenbauten mit komplett mitgelieferter Mechanisierung 1169.
Lyles (L.) u. **Woodruff (N. P.)**, Wie Feuchtigkeit u. Bearbeitung d. Bodenscholligkeit für d. Winderosions-Überwachung beeinflussen 300.
Lysaja (L.), Grünanlagen bei Krankenhäusern 393.
Łysak (J.), Getreidekonservierung nach den Methoden d. aktiven Belüftung 266.
Lysočenko (A. A.), Arbeitsanlyse d. Rückeschleppers 229.

McBean (M. McG.), Kartoffelbrei zur Sofortbereitung 743.
Mac Carron (D. M.), Beton im landwirtsch. Bauen 246.
McCarthy (C. F.), Anlage eines Fischgrätenmelkstandes 129.
McColly (H. F.) s. Bellinger (P. L.).
McCoy (O. D.) s. Shadbolt (C. A.).
McCrackin (D. R.) s. Nelson (G. L.).
McCune (W. E.), Bauschulische Unterlagenerzeugung mit elektrischer Wärme 1299.
Macepuro (M.), Nächsten Aufgaben d. Zentralen Forschungs-Instituts für Mechansierung u. Elektrifizierung d. Landwirtschaft u. d. v. ihm koordonierten wissenschaftlichen Forschungsinstitute [1040].
– u. **Tureckij (R. L.)**, Wege zur weiteren Entwicklung der Meliorationstechnik 1066.
McFadden (F. E.), Gewebe aus beschichteten Fasern 81.
McFetridge (M. J.), Abwasserbeseitigung v. Melkhäusern 922.
MacGillerivray (J. H.) u. **Zahara (M.)**,

Über d. ökonomisch günstigste Reihenlänge bei d. Handernte 1301.
McGinty (R. J.) s. Esmay (M. L.).
Machin (C.) s .Balch (C. C.).
Machold (O.), Über Bau u. Einrichtung eines Isotopenlaboratoriums für chemische u. biologische Untersuchungen 1208.
McInnes (R. E.), Die Zukunft d. elektr. Warmwasserbereitung 592.
McKeggie (G. A.) s. Chalmers (G. R.).
McKibben (J. S.) s. Brooker (D. B.).
McKie (D. L.), Schweinehütten an d. Nordküste Englands 1024.
McLean (V.), Read (S. H.) u. **Thornborrow (B.),** Bessere Melkarbeit 192.
Macukevič (A. V.) s. Voložin (P. F.).
McVean (D. N.), Versuche über d. Freisaat v. Schott. Kiefer 220.
McWhorter (C. G.) s. Wooten (O. B.).
Mächler (H.), Unfallverhütung b. d. Holzerzeugung, Rückung, beim Holzfuhrwerk, Baumsteigen u. in bes. Fällen 213.
Mätzold (G.) s. Eberhardt (M.).
Maev (V. E.), Auswahl d. Zyklonkenngrößen für Traktoren-Luftreiniger 14.
Magarik (V. A.) u. **Nagornyj (N. M.),** Sistema komand universal'noj cifrovoj avtomatičeskoj mašiny BESM-*2* vyčislitel'nogo Centra AN SSSR [833].
Magarillo (B. L.) u. **Jakovlev (M. V.),** Prüfungergebnisse d. neuen Kettentraktors „T-*130*" 536.
Magini (E.), Forstsaatgutbehandlung, Geräte u. Verfahren. *2.* Mitt. Samenbehandlung, Lagerung, Prüfung u. Transport 968.
Maher (T. F.) u. **Nelson (G. L.),** Verdunstungskühlung in Ställen 253.
Mahlcke (G.), Geschirrspülmaschinen haben Zukunft 596.
Mahoney (G. W. A.) s. Nelson (G. L.).
Maier (J.), s. Manescu (B.).
Maier (J.), Warum keine größeren Mähleistungen? 1079.
Mainz (H.) u. **Bau (K.),** Probleme beim Einsatz d. Längeschwadköpfroders „E *710*" mit angebauten Ladebändern 1258.
Majkovskij (I.) s. Petrov (G.).
Majkuth (J.) s. Aradi (E.).
Major (W. C. T.), Einfluß milchsteinartiger Niederschläge auf d. Qualität d. Sterilisation v. Melkausrüstungen 448. — Sterilisation von Gummiteilen für d. Melkmaschine 448. — Einfluß d. Gummiteile einer Melkmaschine auf d. bakterielle Verseuchung 590. — Einfluß d. Wasserhärte auf d. Reinigung v. Milchgerätschaften in d. Farm 590.
Makarov (A.), Wirtschaftliche Gewächshäuser 463.
Makaruk (I. F.), Geräte für d. mechan. Pflege v. Zwischenfurchen in Waldkulturen 221.
Makaruk (L.) u. **Siebenfreund (K.),** Die Arbeitsproduktivität in d. Landwirtschaft [1045].
Mákos (J.) u. **Vodnyánszky (J.),** Scheibenegge „ET" [166].
Makoveev (P.), Verbesserte Elektromotorkettensäge „CNIIMÉ-K*6*" 225.
Makuškin (A. P.) s. Bereznikov (V. V.).
Malachov (I. P.), Fällung d. Stämme „im spitzen Winkel" 1323.
Malach (K.) u. **Volkov (N.),** Untersuchung der Arbeit des Kartoffelroders „KTN-*2*" 53.
Malachovskij (J.), Deutsch-russisches Fachwörterbuch für Kraftwagen u. Traktoren [1060].
Malaškin (O. M.), Entwicklungsperspektiven d. Traktorenmotore 409.
Maleček (J.) s. Rubeš (L.).
Maleńkov (R.), Entwürfe für öffentl. Gebäude 123.
Maléř (J.), Technologie d. Getreideernte in d. Großproduktion [176].
— u. **Čern'ý (L.),** Einige Erfahrungen mit d. Dreiphasenernte v. Getreide 1250.
— u. **Vavra (M.)** u. **Zajíc,** Reparaturweise u. Organisation d. Reparaturen [685].
Malík (J.), Traktor Zetor „*50* Super" [150].
Malinin (K. M.) s. Komarov (N. M.).
Malis (A. J.) u. **Demidov (A. R.),** Maschinen zur Reinigung d. Getreides mit einem Luftstrom [578].
Mal'kov (V.) u. **Belousov (J.),** Mechanisierung d. Schaftränkens in d. Trockensteppe 329.
Malmberg (C. E.) Holztransport im Gelände u. auf Wegen 231.
Mal'nev (P. P.), Vorrichtung für d. Einbringung v. Herbiziden 423.

Maltry (W.), Elektr. Feinwaage „EFW *10/61*“ mit Einkanalverstärker „TF I/*61*“ 12. — Verbesserte Heuwerbung durch Belüftungstrocknung 61. — Trocknungsphysikal. Eigenschaften v. vier Futtersaaten 438. — Unsere Körnertrockner heute und in d. Zukunft 1090. — Wirtschaftlicher Gebläseeinsatz für d. neuzeitliche Heubelüftung 1261.
— u. **Schneider (B.),** Ergebnisse d. Vergleichsprüfung *1961* verschiedener Grünfuttertrocknungsanlagen in d. DDR 573.
Maluchin (J. Z.), Saatgutaufbereitung für d. neue Anbautechnologie 319.
Malyj (L. F.), Motor „D *37* M“ mit Luftkühlung 16.
Malyšev (J. F.), Universal-Radtraktor „T-*40*“ 20.
Mamedov (A.), Veränderung d. Anstellwinkels v. Grabenpflügen 418.
Mamrykin (K. I.) s. Korobov (G. B.).
Manby (T. C. D.) s. Jesson (M. W.)
Manczak (M.) s. Kepkowa (A.).
Manescu (B.) u. **Maier (J.),** Anwendung d. Plastfolien im Gemüsebau d. Volksrepublik Rumänien 205.
Mangeron (D.) s. Gábos (Z.).
Mănisor (P.), Maschinen u. Geräte zur Einbringung u. Silierung v. Futterpflanzen 558.
Mann (E. J.), Neue Entwicklungen in d. Milchwirtschaft 1274.
Mann (F. K.), Großbuchtenhaltung in d. ČSSR 259. — Schweinemast mit fließfähigem Futter in d. ČSSR 260.
Mannion (L.), Einfluß d. Gebäude auf d. Arbeitsökonomik 638.
Manov (B.) s. Simeonov (B.).
Manov (L.) s. Gerganski (M.).
Månsson (T.), Schnelles Tempo d. Rationalisierung in d. SU 468.
Mantel (G.), Hat sich d. Betonspurbahn im Walde bewährt 378.
Manteuffel (R.) s. Andreae (B.).
Mappes (F.), Bodenbearbeitung im Gartenbau aus technischer Sicht 1288.
Maque (H.) s. Schröder (W.).
Marais (P. G.) u. **Smith (W. B. de V.),** Bodenfeuchtigkeitsmessung durch Verwendung v. Neutronen 405.
Marčenko (N. D.), Samenverteilung im Nest bei d. Quadratnest-Aussaat 40.
Marčenko (V. I.) s. Dzjublo (A.).
Marchant (W.T.B.) s. Wayman (J. A.).
Marcynovskij (L. J.), Soročan (J. P.) u. **Skerdžev (A. I.),** Transporteinheiten, bestehend aus Traktor u. Anhänger, mit hoher Geländegängigkeit 27.
Marian (E.), Agrarluftfahrt in Israel 865.
Maris (R.), Ländl. Straßen in den Niederlanden 120.
Marjai (G.) s. Hartyányi (L.).
Mařjasin (L.) s. Golovin (V.).
Mark (E.) s. Hauska (H.).
Markin (S. A.) s. Kaliničenko (N. P.).
Markov (S. G.), Strömungsdämpfer 375.
Marková, s. Pagác
Markovskij (E. A.) s. Krasnoščekov (M. M.).
Markovskij (S. G.), Lejbenko (V. M.) u. **Rybalko (I. A.),** Vollmechanisierung d. Schweinemast 1021.
Marks (K.), Hydraulische Antriebe im Ackerschlepper 539.
Markwardt (E. D.) s. LaBelle (R. L.).
Marlow (H.), Techn. Möglichkeiten d. chem. Unkrautbekämpfung in einigen herbizidempfindlichen Kulturen 803.
Marquiss (R. F.), Bauen mit Fertigteilen 1000.
Marsh (C. R.) s. Tukey (L. D.).
Martaus (J.), Konservierung v. Maiskörnern in Gruben ohne Luftzutritt 1265.
— u. **Staněk (J.),** Mechanisierung v. Anbau u. Ernte d. Maises [1229].
Martelli (L.), Heutige Betätigungsmöglichkeiten d. Flugzeuge auf d. Sektor d. Kulturenpflege 867. — Mechanismus d. Programmsteuerung d. Traktors „Bops *60*“ 1051.
Martens (B. K.) s. Andreev (S. V.).
Martens (M.), Bericht über d. Vorführung v. Rübenernte-Maschinen in Jodoigne vom *30. 9.—1. 10. 1961* 179.
Martin (L.) u. **Steiner (F.),** Weiterentwicklung v. Friktionswerkstoffen [5].
Martin (M.), Forderungen an neu zu schaffende Kartoffellegemaschinen 306.
Martinenko (V. P.), Einfluß d. tangentialen Deformation d. Reifen auf den Rollwiderstand d. Schlepperräder 24.

Martinot (R.), Mechanisierte Futterverteilung 327.
— u. **Saurin (A.)**, Gemeinschaftsstall v. Montereau 69.
Martynenko (P. I.) s. Čugunkov (J. G.).
Marusov (A. A.), Mit Flugzeugen durchgeführte Nadelholzsaat auf den Westhängen d. Mittleren Ural 220.
Maschler (H.), Einfluß der nichtmetallischen Einschlüsse auf d. Dauerfestigkeit v. Stahl 682.
Mašek (V.) u. **Král (F.)**, Anwendung v. Meliorationsmaschinen für Bodenentwässerungen 1067.
Maskovcev s. Mel'nikov.
Maslinkov (I.) s. Gajdarov (N.).
Maslov (B. S.), Be- u. Entwässerungsnormen für Niederungsmoore 870.
Massey jun. (L. M.), **Labelle (R. L.)** u. **Robinson (W. B.)**, Verwendung mechanisch geernteter Tomaten 464.
Masters (J. R.), Reinere Zuckerrüben 438.
Matějka (J.), „Zetor *2011*" — ČSSR. Betriebstechn. Charakteristik 535.
Materazzi (M.), Lage auf dem Markt, bes. gemeinsame Normung für Obst u. Gemüse in Europa 355.
Matisans (Ė), Neue Sämaschine für d. Balt. Republiken 168.
Matlaš (V. S.) s. Jakunin (D. E.).
Matrosova (I. A.), Grasmäher für d. Einsatz bei erhöhten Geschwindigkeiten 44.
Matson (W. E.), **Fanning (K.)**, **Jenkins (W. R.)** u. **Wichers (H. E.)**, Zwangslüftung in Hühnerställen mit Haltung auf Tiefstreu 264.
Matthews (J.), Meßgenauigkeit bei d. Feststellung v. Veränderungen d. Feuchtigkeitsgehaltes v. Getreide durch typische Ofenmethoden 1047.
Matthews (J. C.), Spaltenböden im Schweinestall 667.
Matukas (J. J.), Kugellager 1043.
Matusevyč (V. F.) u. **Lomaka (V. A.)** Universal-Sauggerät für Kälber 189.
Matyás (K.), Ökonomische Tragweite d. Anwendung d. Waldwege verschied. technischer Ausführungen für d. intensive Forstwirtschaft 1154.
Matzinger (N.), Teilergebnisse in bäuerlichen Betrieben 1005.
Mauch (A.), Betrachtungen zum Thema „Spritz- u. Sprühtechnik" 612. — Der Stand und d. Problematik d. verlorenen Verpackung bei Frischobst 1127. — Kühltechnik in Lagerhäusern für Obst u. Gemüse 1311.
Maxa (R.) u. **Waxenegger (I.)**, Ergebnisse d. Arbeitstagebuchführung an einigen Grünlandbetrieben d. Pinzgaues 7. — Frage d. Arbeitsaufwandes in alpinen Grünlandbetrieben 686.
Mayer (K.), Neue Obstpresse: Willmes ABC 210.
Mazek-Fialla (K.), Organisation u. Technik eines modernen Boden- u. Landschaftsschutzes in Niederösterreich 297.
Mazepuro s. Soloduchin (G. P.).
Mazurenko (A.) u. **Dorofeev (P.)** Pneumat. Langholzentlader 230.
Mazurenko (A. P.) u. **Medvedev (G. L.)**, Automatische Holzsortierung 476.
Medvedev (G. L.) s. Mazurenko (A. P.).
Medvedev (M.), Mechanisierte Geflügelställe d. Sowchos „Arshenka" 670.
Medvedev (M. I.), Erhöhung d. Betriebskennziffern v. Schleppern 286.
Mees (G.) u. **Schulze (F.)**, Stallbauten für d. Schweinemast 261.
Mehler (A.) s. Heinig (W.).
— u. **Heinig (W.)**, Bau u. Mechanisierung v. Flachsilospeichern für den landwirtsch. Großbetrieb 265.
Mehrle (W.) s. Brenner (W. G.).
Meier (B.) s. Böhl (K.).
Meile (C.), Hydrostatischer Antrieb für Traktoren 858.
Meimberg (P.), **Ring (W.)**, **Rühmann (H.)**, **Schünke (U.)** u. **Wamser (K.)**, Wirtsch. Grenzen d. mechanisierten Bodennutzung am Hang u. ihre Bedeutung für eine Bewertung hängiger Grundstücke in d. Flurbereinigung 112. — Wirtschaftliche Grenzen d. mechanisierten Bodennutzung am Hang u. ihre Bedeutung für eine Bewertung hängiger Grundstücke in d. Flurbereinigung [296].
Meincke (K.), Stallentmistungsverfahren kritisch betrachtet 75. — Förderbänder u. Förderschnecken in d. Landwirtschaft 869 — Zur Frage d. wirtschaftlichen Stallentmistung 920. — s. Mreitmeier (J.).

Mejxnar (M.) s. Pachl (J.).
Meleško (I. I.) u. **Zav́jalova (A. A.)**, Der Traktor „DT-*54* A“ mit stärkerem Motor 855.
Meljukov (A.), Ultraviolette Bestrahlung d. landwirtschaftl. Nutztiere 119.
Mel'nik (P. I.) u. **Bajdjuk (A. T.)** Scheibensaugtränken für Kälber 329.
Mel'nikov, Maskovcev u. **Krasnov**, Greifer mit einem Tragseil 799.
Mel'nikov (I.), Rücke- u. Verladegerät „TPU-7“ 625.
Mel'nikov (V. A.), Anlage für d. Massenbestrahlung v. Geflügel 75.
Mende (G.), Ergebnisse über arbeitswirtsch. Untersuchungen im Geflügelintensivstall Pillnitz/Alt-Reick *1*. Mitt. 186.
Menzel (W.) u. **Ernst (M.)**, Grünerbsenanbau im Lehr- u. Versuchsgut Stichelsdorf 350.
Merena (J.), Viehfarmen d. Kollektivwirtsch. „Pobeda“ 184.
Mertechin (I. I.) s. Rappoport (D. M.).
Merzlikin (J. A.), Mechanisierte Schweinemast 1095.
Mešalkin (I.), Elektr. Hackgerät „EM-*12*“ 768.
Meškallo (V. M.) u. **Voznyj (V. P.)**, Schlagabraumsammler 98.
Meškov (N.), Anlaßhilfen für Schlepper-Dieselmotoren im Winter 153.
Mette (F.), Standardisierung v. Rohholz, Rinde u. Harz 1320.
Meyer (F.) [Frankfurt/M.], Mein Landmaschinenbuch [2]. — Neues v. Landmaschinenmarkt 805. — Neues v. Landmaschinenmarkt 806.
Meyer (F.), [Rotthalmünster], Transportmittel für Feld, Hof u. Stall 412. — Arbeiten mit d. Sammelpresse 1082.
Meyer (H.), Institut für Schlepperforschung 1211.
Meyer (H.), Lüftung u. Heizung v. Legeställen 515.
Meyer zur Capellen (W.), u. **Dittrich (G.)**, Ungleichförmig übersetzende Getriebe (Jahresliteraturübersicht) 833.
Meyer-Wilmes (K.) s. Lüdemann (H.).
Meysenbug (C.-M. v.) s. Gossmann, (B.).
Michajlenko (E. A.), Verbesserung d. Reinigung u. Sortierung v. Hirsesaatgut 182.
Michajlov (A. A.) s. Skobej (V. V.).
Michajlov (D. M.), **Egorov (O. P.)** u. **Braude (B. S.)**, Rotierender Kegel für d. Unkrautbekämpfung 42.
Michajlov (D. M.) u. **Piskun (L. F.)**, Thermoaerosolgenerator „GBA-*25*“ 482.
Michajlov (L.) s. Vladimirov (A.).
Michajlov (M. V.), Theoret. Betrachtungen zur automatischen Regelung d. Mähdrescherdurchsatzes 431.
Michajlov (N.), Anwendung v. Transportbehältern 230.
Michalčenkov (M.), Wettbewerbsprojekte v. Kuhställen 662.
— u. **Nekrasov (B.)**, Komplexserie v. Entwürfen für Produktionsbauten u. Viehställe aus Silikatbetonplatten 1171.
Michecoiu (I.), Neue rumänische Traktoren „UTOS-*45*“ u. „UTOS-*52*E“ 848.
Michel (K.), Orientierung über Automation im Gewächshaus 942.
Michoff (A.) s. Koleff (N.).
Miclea (E.) u. **Sulea (I.)**, Einsatz d. Walzen bei den Frühjahrsfeldarbeiten 166.
Miekkalinna (H.), Holzbringungsprobleme in Finnland 1329.
Mielke (H.), **Kleinke (G.)** u. **Tröger (F.)**, Laktationsphysiologische Grundlagen d. maschinellen Milchgewinnung 754.
Mifle (P.), Mechanisierung d. Futterverteilung in Schweinemastställen 331.
Mifle (P. V.), Vervollkommnete Kolbenreiniger „UOPJa-*4*“ 1090.
Mihályfalvy (I.) s. Csávás (I.).
Mikeš, Elektrifizierung landwirtsch. Anlagen [143].
Mikes (K.) u. **Spelina (M.)**, Düngung mit Ammoniakaten 39.
Mikeš (K.), Untersuchung d. Düngungsverfahren mit Ammoniakaten 553.
Miklavžič (J.), Melioration u. Waldumwandlung [217].
Miller (R. D.) s. Hanan (J. J.).
Milov (S. G.), Kräne oder Winden? 1332.
Minc (L. E.) s. Vasil'ev (P. V.).
Minto (S. D.) s. Cooper (S. W.); Scott (P.).

Mironjuk (S. K.), Neue Scharform 303.
Mironov (A. P.) s. Krivenko (P. M.).
Mironov (I. A.) u. **Ponomareva (A. A.)**, Komplexe Mechanisierung d. Aufforstungsarbeiten auf Berghängen 962.
Mišakin (V.), Zwischenkollektivwirtschaftliche Bauorganisation bei d. Arbeit [1353].
Mischke (W.), Mechan. Ernte v. Sauerkirschen, ein Versuch in den USA 208.
Misra (R. D.) u. **Esmay (M. L.)**, Starrer Eingelenk-Rahmen aus Kantholz für landwirtschaftliche Bauten 1350.
Missbach (K.), Projektierung u. Anlage v. Waldbrandriegeln 630. – Einsatz v. Chemikalien zur Waldbrandbekämpfung 631. – s. Lange (S).
Mitchell (W. D.), Temperaturdifferenzen d. Farmmilch beim Transport unter subtropischen Bedingungen 448.
Mitschke (M.), Einfluß v. Straße u. Fahrzeugabmessung auf d. Aufbaubewegungen u. d. dynam. Radlasten 702. – Einfluß v. Straße u. Fahrzeugabmessungen auf d. Aufbaubewegungen u. d. dynam. Radlasten 702.
Mittag (M.), **Paelke (F. W.)**, **Keyl (W.)** u. **Henjes (K.)**, Dorfgemeinschaftsbauten 654.
Mittag (U.), Der Bau v. Abkalbeställen – ein ungelöstes Problem? 1011.
Mittelbach (B.), Ein automatischer Pflug 1070.
Mittelstaedt (H.), Regelungsvorgänge in lebenden Wesen [833].
Mitterer (J.), Erfahrungen mit einer Kunststoff-Rohrleitung 1262. – Gabelwender u. Heuteufel 1081.
Mlcek (E.) s. Jeniček (V.).
Moberg (H. A.), Boden u. Maschinen 539.
Močalov (V.), Neue Lasteinheit 624.
Moe (D. L.) s. Hamann (D. D.).
Möbius (F.) u. **Schulz (H.)**, Industriemäßiges Anbauverfahren für Zukkerrüben in d. LPG Teutschenthal 1229.
Möckel (R.), Neuer Anbindestall für Rinder 509.
Möhler (E.), Gestaltung und Benutzung v. fußgerechtem Schuhwerk 522.
Möhler (K.), Klebeverbindung im Holz- u. Metallbau 115.
Möllenbrok (H. G.), Fahrsilos in d. USA 675. – Neu aus d. USA: D. Boxen-Laufstall 1094.
Möller (R.) s. Söhne (W.).
Möller (T.), Elektroinstallation in d. Landwirtsch. 13. – Planung elektrischer Anlagen in landwirtschaftlichen Betrieben 530.
Mohácsy (K.) s. Doromby (L.).
Mohr (O.), Grundlagen d. allgemeinen Elektrotechnik [1049].
Mohsenin (N. N.) s. Göhlich (H.).
Moiseenko (B.), Prüfung d. Kraftstoffsystems v. Dieselmotoren 288.
Moiseev (N. F.), Mechanisierung d. Arbeiten im Obst- u. Weinbau 344.
Moiseev (P.), Mechanisierung d. Transports u. d. Einbringung v. Kompost 1289.
Mojseevič (I.) u. **Klimenkov (P.)**, Wege zur Vollmechanisierung 319.
Molander (H.), Einiges über tschechische Wälder u. Forstschulen 94.
Molčannov (A. L.) u. **Životkov (A. N.)** Neues über d. Bau großer mechanisierter Schweinemastfarmen 1020.
Molčanova (V. A.) s. Andreev (S. V.).
Monov (I.) s. Gajdarov (N.).
Monro (H. A.), Manual of fumigation for insect control [1165].
Moos (J.), Schmierstoffe u. Schmierung 684.
Morandini (R.) Behandlung d. Forstsaatgutes, Ausrüstung u. Verfahren 222.
Morduchovič (A. I.) u. **Krivošej (M. N.)**, Schleuderdüngerstreuer v. Typ „RUS-4,0“ 884.
Morgen (H.), Ländliche Gemeinde u. Dorf 390.
Morgulis (J. B.) u. **Povetkin (G. M.)** Vervollkommung d. Konstruktion eines Turbokompressors für d. Aufladung v. Traktordieselmotoren 538.
Morhaus (G. H.), Beregnung oder Berieselung? 418.
Moriello (T.), Wie wenden wir „stop scald“ an 1312.
Morozov (V. K.), Untergrundbewässerung 458. – s. Zavodnov (S. S.).
Morozova (N.) s. Lerner (F.).
Morr (R. V.) s. Harbage (R. P.).

Morris (W. H. M.), Selbstfahrende Rübenvollerntemaschine 315.
Morrison (C. S.) u. **Harrington (R. E.),** Traktorsitze für Fahrerkomfort 1223.
Morse (R N.) u. **Evans (L. T.),** Entwurf u. Entwicklung v. CERES — einem australischen Phytotron 943.
Morsin (S, S.), Arbeitsorganisation in d. Kollektivwirtschaften [1045].
Mortimer (R. G.), Verwendungsmöglichkeiten stützenfreier Mehrzweckhallen 1003.
Mosevič (P. I.) u. **Rusanov (J. V.),** Mechan. Bearbeitung d. Stammholzes im Kombinat Perewolok 375.
Moskalev (J. I.) s. Lebedinskij (A. V.).
Mospan (J. P.), Einfluß d. Stützrades auf d. Arbeitsleistung u. Wirtschaftlichkeit d. Aufsattel-Pflugaggregates 163.
Mothes (E.), Nutzeffekt v. Landbauten 1168.
Mottram (R. S.), Verwendung v. unverpacktem Mineraldünger im landwirtschaftlichen Betrieb 1033.
Moučka (Z.) s. Jarnik (J.).
Moyer (J. C.) s. Shepardson (E. S.).
Mráz (S.), Ein Mohndrescher 1087.
Mühlberg (E.), MAN-M-Vielstoffmotor mit partieller Abgasrückführung für Alkoholbetrieb 1210.
Mühlmann (H.), Viskose-Spinnkabel zur Starenabwehr im Weinbau 210. — Dreijährige Erfahrungen beim Einsatz der phonoakustischen Methode zur Starenabwehr in d. Weinbergen 1130.
Mührel, s. Grund (H.).
Mührel (K.), Transportprobleme in d. Landwirtschaft d. DDR 544.
— u. **Langer (J.),** Arbeitsorganisation in den LPG [140].
Müller (E. A.), Messung d. körperlichen Leistungsfähigkeit mit einem einzigen Prüfverfahren [402].
Mueller (G.) u. **Engel (B.),** Rentabilitätsfragen d. Hühnerhaltung [1100].
Müller (H.) [Erlangen], Bemessung u. Aufbau v. Peltieraggregaten 1211.
Müller (H.) u. **Schneider (K.-H.)** [Leipzig], Voraussetzungen für eine erfolgreiche Broilermast 749.
Müller (M.), Ökonomische Beurteilung höherer Arbeitsgeschwindigkeiten beim Pflügen 709.
Müller (W.) u. **Kunz (G.),** Nebeln auch im Straßenobstbau 781.
Müller (W.), Kartoffelsammelernter auf scholligen u. steinigen Böden 55. — Probleme d. Kartoffelernte heute 434.
Müller-Limmroth (W.), Folgen v. Arbeit u. Ermüdung auf d. Verkehrssicherheit 138.
Münster (J.), Vorzeitige Krauentfernung bei Kartoffeln 53.
Muratova (E.) s. Edel'štejn (V.).
Muschalla (X.) s. Lenz (H.).
Musehold (H.), Geruchfreie Küche 1358.
Musehold (H.), Umgang mit Fußböden 341. — Fußboden im ländl. Wohnhaus 814. — Lüftung im Wohnhaus 1005.
Musehold (H.), Was ist bei d. Planung d. Installation zu beachten? 78.
Musinov (L.), Neue Mähhäcksler 721.
Musinov (L. N.) s. Orechov (A. D.).
Myers (L. E.) s. Bavel (C. H. M. van).

Nadoll (J.), Volkswirtsch. Gesichtspunkte beim landwirtsch. Wegebau 498.
Náfrádi (I.) s. Balogh (J.).
Nagornyj (N. M.) s. Magarik (V. A.).
Nation (H. J.), Darstellung d. Leistung hydraul. Pumpen u. Motoren 3.
Naumann (H.-J.) s. Wesche (F.).
Naumenko (A. I.) s. Repin (A. N.).
Nazarevskij (P.), Maschine „UTM-3 M" zum Ziehen schmaler Gräben 417.
Nazarov (S.), Technologie u. Organisation d. Düngerausbringung 422.
Nazarov (S. I.) s. Komissarov (A. M.).
Nedaškovskij (A. N.) u. **Ivanickij (V. E.),** Neue Geräte zur Aufforstung v. Dünen 965.
Needham (K.), Wasserkühltürme in d. Farm 756.
Nehlsen (E.), Nietarbeit an Motorsägenketten mit d. Stihl-Rollnieter 1325.
Nejland (G. K.) s. Epro (V. R.).
Nekrasov (B.) s. Michalčenkov (M.).
Nekrasov (R.), Rücke-Beladeanlage „TPU-7" 797.
Nellist (M. E.), Ernte v. Grassamen 1250.
— u. **Rees (D. V. H.),** Entwicklung v. Geräten zur Messung d. Verluste v.

Grassamen vor u. während d. Ernte 718.
Nelson (G. L.) s. Maher (T. F.).
— u. **Giese (H.)**, Windkräfte bei Offengebäuden 249.
—, **Mahoney (G.)**, **Fryrear (J. I.)**, **Cook, George (E.)** u. **McCrackin (D. R.)**, Berechnung einfacher Druckschalenplatten für Dächer 1350.
Nemitz, Fünfte Gefriertrocknungstagung in Köln 199. — Symposium über Gefriertrocknen von Lebensmitteln 453.
Nesterov (V. E.), Perspektiven f. den Einsatz von β-Strahlen in meliorativen Bodenuntersuchungen 529.
Neubauer (E.), Arbeiten mit d. Traktor-Kriechgang 1057.
Neuber (B.), Erfahrungen mit Stahl-Wasserspulen 251.
Neuffer, Einfluß v. Aufstallungsarten u. Entmistungssystemen in d. Milchviehhaltung auf d. Arbeitsproduktivität 1267.
Neuhäuser (O.), Futterbau in Hangbetrieben u. sein Einfluß auf d. Wirtschaftsergebnis 1205.
Neuhaus (F.), Bau v. Geräte- u. Maschinenschuppen sowie genossenschaftl. Gebäuden 825.
Neumann (F.), Erläuterungen zu den Typentabellen für d. Maschinen beim Kartoffelanbau 30.
Neumann (J.), Mechanisierung d. Getreideernte in Europa 47. — Aufgaben, Möglichkeiten u. Grenzen d. landtechn. Marktforsch. 679.
Neumeyer (F.), Strohbergung bei d. Getreideernte 896.
Nevé (M.), Wirtschafts-, Verwaltungs- u. Finanzprobleme. Untersuchung d. technischen u. ökonomischen Daten d. verschiedenen Arten landwirtschaftlicher Energieaufwendung im Einfamilienbetrieb [1049].
Nevol'skich (N. M.) u. **Očeretjanyj (A. I.)**, Verfahren zur Bewertung d. Bespritzens v. Obstbäumen mit Schädlingsbekämpfungsmitteln 91.
Nevoránek (Z.), Zweischichtenarbeit in d. Viehwirtschaft 1093.
Nicolaisen-Scupin (L.), Tiefgefrieren v. Gemüse 90.
Niediek (H.) s. Steinrath (H.).
Nielebock (E. W.), Chore-Time-System 1099.
Niemke (W.), Altbauten wirtschaftlich nutzen u. umbauen 807.
Nienhaus (A.), Wirtschaftlichkeit v. Güllebetrieben in den Höhengebieten Nordrhein-Westfalens 140.
Niepage (P.) s. Hafner (K.-E.).
Nieuwenhuijse (L.), Kosten d. Mähdreschens 431.
Nijdam (J. E.), Horticultural dictionary in eight languages [200].
Nikandrov (B.) u. **Smol'jakov (R.)**, Wirtschaftliche Projekte landwirtschaftlicher Produktionsgebäude 1183.
Nikiforov (P. E.), Arbeit von Landmaschinen bei erhöhten Geschwindigkeiten [549].
Nikitin (P.), Sammeln d. Äste mit einem Aggregat 786.
Nikitin (V.), Gruppenhaltung v. Saugferkeln 1017. — Zuchtstall für d. Gruppenhaltung säugender Sauen mit Ferkeln 1017.
—, **Sokolov (A.)** u. **Pavlov (V.)**, Ausrüstung u. Mechanisierung von Schweineställen 259.
Nikolaev (Ju.), Mechanisierte Ernte d. grünen Erbse 89.
Nikolaev (L.), Zusammengesetztes Kreissägeblatt 475.
Nikolaev (N. V.) s. Bass (G. M.).
Nikolaev (P. A.), Einige theoretische Grundlagen für d. Projektierung v. Schwadmähern [1088].
Nikolajuk (V.), Eine fahrbare Anlage zur Gewinnung v. Vitamin-Nadelmehl 986.
Nikolodyšev (I. S.) u. **Zubareva (T. V.)**, Verfahren d. Grundwassersammlung auf Schwarzerde 651.
Nilson (N. E.), Raumbedarf d. Schlachtschweines 912.
Nischwitz (J.), Schlegelernter u. seine Einsatzmöglichkeiten 559.
Nisen (A.), Konstruktion, Aufstellungsvorrichtung u. Form d. Gewächshäuser 462. — Berechnung d. natürlichen Einstrahlung in glasgedeckten Kulturräumen 1120. — Einige Betrachtungen über d. Lagerung v. Obst in ventilierten Lagerhäusern. 2. Mitt. 1310.
Nitsche (K.), Was ist „Progressive Pflegeordnung"? 684.
— u. **Eichler C.)**, Grundzüge d. Ent-

wicklung d. Instandhaltungswesens d. sozialistischen Landwirtsch. 277.

Nitzsche (R.), Wolf (X. A.) u. **Nowak (P.),** Kunststoffe, Struktur, physikalisches Verhalten u. Prüfung 403.

Nonieva (T. G.), Frage d. Verwendung v. Freilaufkupplungen in Landmaschinen 681.

Nooij (S. H.), Luftwäsche im Obstlager 356.

Noordzij (I. P.), Anforderungen an ein Lager für Frischgemüse 1198. — Maschinengekühlte Lagerhäuser f. Frischgemüse 1198. — Bau u. Einrichtung v. Normallagerhäusern für Gemüse 1371.

Nor (M. I.), Universal-Quadratnest-Pflanzmaschine 169.

Nord (O.), Das kontinuierliche Pressen 1311.

Nordby (A.), Versuche mit Sprühgeräten in Obstanlagen 92.

Norén (O.), Lärmbekämpfung bei Kaltbelüftungsanlagen 573. — s. Aniansson (G.).

Norrström (A.) s. Catoni (P.).

North (J. J.), Bewässerung 873.

Nosačenko (V. F.), Planung von Reparaturen u. technischen Pflegemaßnahmen an Traktoren 534. — Kontrolle d. Durchführung v. Reparaturen u. techn. Pflegemaßnahmen an Traktoren [699].

Novák (M.) u. **Záruba (J.),** Aufbereitung v. Getreide nach d. Ernte 1262.

Novák (Miroslav), Aufbereitung u. Verarbeitung v. Getreide im Landwirtschaftsbetrieb 437.

Novikov (B. P.), Vibrator als Arbeitsorgan für d. Ernte d. Tabakblattes 734.

Novikov (D.), Vakuum-Selbstfütterer u. Tränkanlage für Schweinemastbetriebe 188.

Novikov (F.), Zweckmäßige Offenställe für Jungvieh 128.

Novikov (Ju. N.), Mechanisierung v. Geflügelställen im Leningrader Gebiet 914.

Novotný (F.) s. Polenda (J.).

Novotný (V.), Unkrautbekämpfung in d. Forstbaumschulen mit d. Flammenwerfer 630.

Nowacki (T.), Basic concepts in connection with the economics of mechanization of agriculture [679].

Nowak (P.) s. Nitzsche (R.).

Nowikow (A.), Internationale Vergleichsprüfung v. Meliorationsmaschinen 416.

Nowotny (P.), Zweckmäßig bauen — eine Forderung d. Zeit 1168.

Nožkin (M.), Pflanzmaschinen u. Gemüsesamen-Säschare 938.

Nyström (B.), Offenlaufställe 1188.

— u. **Lilliehöök (B.),** Neue schwedische Baulösungen für Rinderställe 1363.

Nyžnyk (F. A.) s. Solomykin (A. P.).

Ober, Praktischer Hinweis: Jaucheableitung v. Bullenständen 512.

Ober (J.), Stallklimafragen v. Praktiker gestellt 118. — Gegenwartsaufgaben beim Bauen in d. Landwirtsch. 490. — Laufstall mit Bohlenroststand am Futterplatz 512. — Gebäudeplanung als landtechn. Aufgabe d. Innenwirtsch. 638. — Auswirkungen d. modernen landwirtsch. Produktionsbedingungen auf d. landwirtsch. Bauwesen 807. — Verbesserte Einrichtungen zur Lüftung v. Viehställen 1176. — Wärmeschutz im Stallbau 1176.

— u. **Kiesl (H. P.),** Kurzstände mit Gitterbrücken ohne Schwemmentmistung 397.

Obernichin (V.), Ein neuartiges Grabenziehgerät 873.

Obrazcov (A.), Bauten u. Handelszentrum d. Dorfes Kalinowka 389.

O'Callaghan (J. R.), Einige Versuche zum Einlaufprozeß bei einer vertikalen Förderschnecke 1078.

Očeretjanyj (A. I.) s. Nevol'skich (N. M.).

O'Daniel (W.), Eine Pflückhilfe für „Dichtanlagen" 949. — Ein einfaches Mulchgerät 1115. — s. Hilkenbäumer (F.).

— u. **Seidel (S.),** Schorf- u. Mehltaubekämpfung mit Beregnungsanlagen 612.

Oechsner (A.), Tankstellen, Garagen u. ihre Heizungsprobleme 1033.

Oehring (J.), Wohin gehört d. Schiebesammler? 47. — Welche Krafthebe-regelung? 290. — Einfluß v. Abmessungen u. Einstellungen auf d. Schlepper-Pflugarbeit bei d. Zugwiderstandsregelung 1070.

Oertel (E.) s. Seidel (E.).

Oesterreicher (K.), Steyr-Puch „Haflinger“ 1135.
Oger (Y.) s. Sturrock (F. G.).
Ognetova (T. R.) s. Krasil'nikov (V. S.).
O'Grady (A.), Unterdachtrocknung v. Heu 1260.
Ogrissek (R.), Dorf u. Flur in d. DDR [120]*.
Ōkawara (S.), Bewegungen eines Laufwagens d. forstlichen Seilschwebebahn, d. mit dem „Windflügelregler“ ausgestattet ist 374. – Leistung eines Windflügelreglers u. d. Laufwagenbewegungen unter seiner Wirkung 374.
Okorokov (N. I.), **Baranov (V. V.)** u. **Semenov (V. M.)**, Mechanisierung u. Elektrifizierung d. Landwirtschaft [521].
Okulist (I.) s. Sysoev (A.).
Olasveengen (R.), Lagerung v. Winterkohl 778.
Olejnik (M. M.), Versuche zur elektrischen Beleuchtung v. Pflanzensetzlingen in Gewächshäusern 463.
Olenev (V. A.) u. **Beljaevskij (J. I.)**, Vollmechanisierung einer Milchviehfarm, Haltungsweise der Kühe 183.
Olivier (H.), Irrigation and climate [1077].
Ollier (C.) s. Poiree (M.).
Olszewski (T.), Internationale Vergleichsprüfungen von Räum- u. Sammelpressen 560.
Olver (E. F.) s. Klueter (H. H.).
Onegin (V.) s. Ščegol'kov (A.).
Onisimov (A.) s. Bessarabov (V. I.).
Opdahl (M. E.), Spaltenfußböden in norwegischen Anbindekuhställen 508.
Oppelt (W.), Kleines Handbuch technischer Regelvorgänge [833].
Oran (A. S.), Lehre für landwirtsch. Bauen an d. TU in Istanbul 491.
Orechov (A. D.), **Musinov (L. N.)** u. **Kaufman (V. A.)**, Neue Landmaschinen. Kurzes Nachschlagewerk [997].
Orešin (M.), Montage v. Bogenkonstruktionen für Viehställe 643.
Ormrod (P. C.), Mechanische Ausrüstung 784.
Osborne (L. E.), Luftwiderstand v. Getreide u. anderen Samenkörnern 11.
Ośkin (A. I.), Vollmechanisierung d. Reisanbaues [736].
Ośmak (I. T.), Maiskolben-Abreißwalzen 313. – Maschinen zum Ernten u. Silieren v. Grünfutter [736].
Osobov (V. I.), Untersuchung d. Prozesses d. Heubrikettierung 722.
Osswald (G.), Futtermittel-Preßanlagen 584.
Ostankovič (B. F.), Schlegelernter „KIR-*1,5*“ 45.
Ostarhild (H.), Technik des Spritzens, Sprühens u. Stäubens 486.
Ostaševskij (I. Ja.) s. Bonč (E. I.).
Ostermaier (R.) u. **Haberland (W.)**, Häckseleinstreu – Lagerung u. Verteilung 1370.
Ostroglazov (V. A.) s. Savčenko (A. I.).
Ostroumov (G. M.) s. Tarnovič (N. K.).
Osychovskij (I. G.), **Šalavin (V. F.)**, **Gramoteev (I. M.)**, **Cigel' (V. G.)** u. **Soldatova (M. D.)**, Wahl d. Elektroantriebes für den Transporteur d. halbautomat. Ausformstraße 103.
Otlev (I. A.), Fragen bei d. Herstellung v. technologischem Span 979.
Ott (J.), Fragen d. Handentrindung 476.
Ott (R.), Einfachere Wegebefestigungen 391.
Otto (F.-K.), Hoftransporte – Hofgeräte 868. – Entmisten v. Anbindeställen mit d. Frontlader 921. – Entmisten in Rindvieh- u. Schweineställen 1099.
Otto (G.). Gartenbaureißer R *48* G, Fa. Max Grumbach & Co. Maschinenfabrik, Freiberg/Sa.; Prüfbericht Potsdam-Bornim 86. – Maschinen u. Geräte für d. Gehölzrodung in Baumschulen in d. DDR u. im sozialist. Ausland 87. – Baumschulrodepflug, Typ „B *176*“, VEB Bodenbearbeitungsgeräte, Leipzig; Prüfbericht Potsdam-Bornim 461.
Ouwerkerk (C. v.) s. Kuipers (H.).
Oving (R. K.) s. Krolis (K. E.).
Ovsjannikov (B. P.) u. **Sergeev (M. P.)**, Über d. Leistungsbedarf d. Silomais-Häcksler 1080.
Owen (T. H.) s. Huggard (E. R.).
Owtram (I. H.), Zweckmäßige Haltung d. Sauen 668.
Ozerov (A. M.), Einfluß einiger Parameter v. Pickup-Vorrichtung u. Schwad auf d. Aufnahmevorgang 890.

Pabis (J.), Getreide-Fließtrocknungsanlage „SFS-*6*“ 577.
Pabis (S.) s. Henderson (S. M.).
— u. **Henderson (S. M.)**, Theorie d. Getreidetrocknung. *2*. Mitt. Eine kritische Analyse d. Trocknungskurve für geschälten Mais 1263. — Theorie d. Körnertrocknung. *3*. Mitt. Verwandtschaft d. Luft/Korn-Temperatur 741.
Pabis (St.), Einfluß d. Trocknungsgasmenge bei d. Trocknung v. Maiskolben 317.
Pablo, Schneegepreßte Wege 629.
Pachl (J.) u. **Mejxnar (M.)**, Beispielsbetriebe für d. Vollmechanisierung d. Landwirtschaft in d. ČSSR 1037.
Pachomov (A.) s. Ševelev (E.).
Pachomov (A. I.) s. Ševelev (E. I.).
Pachomov (B. P.) s. Krasnoščekov (M. M.).
Paciora (P. P.), Elektroenergie für d. Holzaufbereitung 961.
Pacyna (H.), Eine Million Schlepper — u. was nun? 1050.
Paelke (F. W.) s. Mittag (M.).
Pätzhold (H.), Bodenverfestigung im Rahmen v. Versuchsprogrammen 1151.
Pag (H.), Großflächige Bodendesinfektion zur Bekämpfung d. Verticillium-Welke an Erdbeeren in Kalifornien 995.
Pagác u. **Marková**, Direkte Maisernte durch d. Mähdrescher „SK-*3*“ 1084.
Pališkin (D.), Fischgräten-Melkstände besser nutzen 755.
Pallon (J. N.) s. Begidžanova (A. P.).
Palmer (J.) u. **Wilton (B.)**, Auspflanzen v. Zuckerrüben, d. in Erdballen angezogen wurden 1239.
Palmer (R. S.), Auflösung v. Wasserstrahlen 875.
Palmgren (C. R.), Planung bringt Nutzen 262.
Pal'min (G. I.), Punktsämaschine für enthaartes u. behaartes Baumwollsaatgut 1239.
Pampel (W.), Interessantes aus d. Forstpflanzenzucht in d. ČSSR 97.
Pančev (P.) s. Gerganşki (M.).
Pandya (A. C.), Leistung einer durch Ochsenzug angetriebenen Quetschmaschine für Zuckerrohr 60.
Paneš (V.), Beitrag zur Frage d. Kornbeschädigung beim Getreide-Mähdrusch 49.
Pannier (F.) s. Vogel (G.).
Papendick (K.), Freigärversuche mit Silohauben 436.
Pappritz (v.), So arbeitet eine Milchkühlanlage 756.
Pappritz (C. L. v.), Lüftung v. Hühnerställen 263. — Einzelheiten über Stallklimatisierung 644. — Interessante Maschinen u. Geräte für d. Tierhaltung u. -fütterung 745. — Wirtschaftlichkeit d. Elektrizitätsanwendung in d. Landwirtschaft 1356.
Papušev (E.), Bestimmung d. Grundabmessung d. Maisherbizidspritze 1341.
Paraškevov (I.) s. Šiškov (S.).
Parau (D.), Mechanisierung d. hygien. Gewinnung u. Behandlung v. Milch im landwirtsch. Betrieb 333.
Parchomenko (E. S.) s. Dubovskij (N. V.).
Parchomenko (V. N.) s. Slabina (B. N.).
Parfencev (D.) s. Kavechij (E.).
Parfenov (A.), Spritze „ONG-VIM“ für d. chemische Unkrautbekämpfung 1163.
Parfenov (G. M.), Autos für d. Holzabfuhr im Winter 481.
Partmann (W.) u. **Gutschmidt (J.)**, Zur Frage d. Einflusses postmortaler Veränderungen auf d. Qualität v. Gefrierfleisch 1106.
Parunin (V.) u. **Vasil'ev (L.)**, Belüftung v. Kuhställen, begründet auf d. Prinzip d. Regeneration d. genutzten Wärme 660.
Pascal (J. A.), Richtige Maschine für d. Zweck 1244.
—, **Bull (K. G.)**, **Hepherd (R. Q.)** u. **Phillipson (A.)**, Lundell-Feldhäcksler „*605*“; N.I.A.E.-Test 310.
—, **Hale (O. D.)**, **Hepherd (R. Q.)** u. **Phillipson (A.)**, Lundell-Feldhäcksler „Offset *40*“; N.I.A.E.-Test 171. — „J.F.“ Schlegelernter; N.I.A.E.-Test 310.
—, **Hepherd (R. Q.)**, **Wood (G. M.)** u. **Phillipson (A.)**, Einreihiger Zuckerrübenernter „Vicon Steketee“; N.I. A.E.-Test 733.
Paščenko (V. C.), Sprühgerät für d. Obstbau 466.

Paščenko (V. Z.) u. **Čumačenko (A. S.)**, Pulverisations-Spritzgeräte 91.

Pasfield (D. H.), Mehrzweckbauten nach d. „Regenschirm"-Typ 1003.

Passellegue (P.), Les tracteurs et les machines agricoles [20].

Pasternak (G.), Laufstall für d. Haltung v. Rindvieh auf Tiefstreu u. mit rationierter Fütterung 662.

Paterson (H.) s. Hearle (W. L.).

Paterson (J. J.) u. **Browning (D. R.)**, Hydraul. selbstfahrender Parzellen-Futterernter 429.

Patow (O.), Ölheizung im Wohnhaus. Arbeits- u. Informationsunterlagen für Planung u. Auswahl moderner Ölheizungen [79].

Patrikeev (A.), Kurzholzbeladen mit Hilfe d. Behälters 1332.

Pauck (P.), Pflanzenhygiene in Unterglaskulturen 1128.

Pauer (J.), Konstruktive Lösung d. ganzmontierten Skelettes d. Freiluftstalles für *160–550* Kühe u. Aufbauerfahrungen 1189.

Paul (H.), Rationalisierung d. Jungbestandspflege. Erfahrung mit systemat. Anlernung u. Stücklohnarbeit in Südwürttemberg-Hohenzollern 100.

Paul (Helmut), Arbeitsleistung u. Arbeitsumwelt. *9.* Arbeitswissenschaftl. Kongreß vom *26.* bis *28.* März *1962* in Hannover 7.

Pause (J.), Techn. Probleme d. Erdtransportes beim Gurkenanbau in Gewächshäusern 202. — Mechanisierung innerbetrieblicher Transporte in Gewächshauswirtsch. 343. — Geräteträger „RS *09*" hat sich auch im Gewächshaus bewährt 1111.

Pavlenko (V. A.), Ultraschall u. seine Anwendung in d. Landwirtschaft 527.

Pavlov (B.) u. **Gibert (A.)**, Vorrichtung zur Bestimmung v. Störungen in d. Hydraulik 836.

Pavlov (Ė. A.) u. **Glotov (V. V.)**, Methode zur Bestimmung d. techn.-ökonomischen Leistung d. Entlastungsmaschinen 1326.

Pavlov (F. A.) u. **Savel'ev (Ė. N.)**, Maschine zum Verdichten d. Schnees 1337.

Pavlov (K. A.), Ermittlung d. Komponenten mechanischer Beimischungen im Motoröl mit Ölreinigungsvorrichtungen 531.

Pavlov (V.) s. Nikitin (V.).

Payne (P. C. J.), Arbeiten d. Nat. Hochschule für Landtechn. 680.

Pázral (E.), Kurzgefaßte Übersicht d. Problematik d. landwirtschaftlichen Automatisierung 1036.

Pčelkin (J.) u. **Čuprina (V.)**, Gewächshaus für Jungpflanzenanzucht unter künstlichem Licht 1296.

Pčelkin (J. N.), Automatische Regelung d. Temperatur u. Feuchtigkeit in Viehställen 1001.

Pecenkin (L. P.) u. **Prejdunov (V. S.)**, Luftwärmer zum Kolbentrockner 1091.

Pechacek (R.), Hinweise für d. Einsatz v. Anbaugeräten 699.

Pechert s. Comberg

Pecht (G.), Pressen von Mischfutter 444.

Pechy (S.), Versuch mit Kunststoff-Dränrohren 704.

Pečkovskij (G. A.) s. Bystrickij (D. N.).

Pedaj (N.), Krautbergungsmaschine 313.

Peev (M.), **Petev (D.)** u. **Popov (K.)**, Versuch zur Ermittlung d. Nutzeffektes einer vollmechanisierten Getreideernte 548.

Peisker (K.), Verladen v. Zuckerrüben 58.

Penner (E.) u. **Kiesewalter (Ch.)**, Kälberaufzucht im Laufstall 1012.

Pentzold (H.) u. **Fischer (D.)**, Tankstellen für d. Landwirtsch. 677.

Perechrest (S. M.), Bewässerung d. Bodens in d. Südukraine [1077].

Perfilov (M.) u. **Grečišnikov (V.)**, Automat. Laufwagen für Seilriesen 232.

Peršin (V. G.) u. **Belovzorov (L. N.)**, Reparatur d. Zündung d. Motorsäge „Družba 974.

Person jun. (N. K.) u. **Sorenson jun. (J. W.)**, Trocknung v. Heu mit Infrarotstrahlung 739.

Persson (S.), Neue Methoden u. Geräte für d. Bodennutzung 1221.

Pervuchin (V. D.), Mechanisierung d. Schlagräumung im Forstwirtschaftsbetrieb Kakmosh 964.

Pestal (E.), Verhütung v. Unfällen im forstlichen Seiltransport 985.

Peter (W.), Gitterartige Trogabschlüsse erhöhen die Wirtschaftlichkeit d.

Schweinemast bei d. Großbuchtenhaltung 1273.

Peterlunger, Baustoff Eternit u. seine Verwendung in d. Landwirtsch. 247.

Petersen (P. P.) s. Solovej (F. M.).

Petersen (R.), Landtechnik u. Propheten 401. — Amerikanische Erfahrungen mit Heu-Aufbereitungs-Maschinen 1246.

Petersen (W.), Stalltemperatur u. Fleischwüchsigkeit 321.

Petersohn (E.), Rationalisierung d. Hauswirtschaft. Wünsche d. Landfrau an d. Dorfschmied 449.

Petev (D.) s. Peev (M.).

Petkoff (T.) u. **Angeloff (A.),** Ergebnisse d. Prüfungen v. Pflanzmaschinen 41.

Petkov (Č) u. **Velev (B.),** Wirtschaftliche Begründung d. Forderung auf Einführung d. Mechanisierung im Gemüsebau 602.

Petkov (M.), Errungenschaften u. Aussichten d. Mechanisierung im Gemüsebau 202.

Petlach (J.), Verfahren zur Urbarmachung v. Strauchgelände 162.

Petrov (B.), Maschineneinsatz in Rinderfarmen 747.

Petrov (G.) u. **Majkovskij (I.),** Umrüstung v. Kartoffelrodern für d. Wurzelgemüseernte 1123.

Petrov (G. D.), Technik bei d. Kartoffelernte in den USA 53.

— u. **Didenko (N. F.),** Mechanisierung d. Gemüseernte in d. USA 1301.

— u. **Firsov (N. V.),** Typenreihe v. Kartoffelerntemaschinen 434.

— u. **Kleckin (M. I.),** Einsatz- u. Prüfungsergebnisse v. Kartoffel-Vollerntemaschinen u. Sortieranlagen aus d. Jahre *1961* 568.

Petrov (N.), Automatische Steuerung d. Mähdreschers 431.

Petrov (P.), Reserven zur Hebung d. Standes d. Mechanisierung bei Feldbauproduktionsprozessen (nach Erfahrungen der MTS Knesha) 280.

Petrov (V.) s. Ždanov (V.).

Petrovič (D.) s. Skotnikov (V.).

Petrucha (E. I.) s. Prokopenko (S. F.).

Petrusevič (P. S.), Vorrichtungen zum Roden v. Pflanzmaterial u. Sämlingen 941.

Petrusov (A. I.) u. **Komaristov (V. E.),** Maschinen zur Saat, zum Pflanzen und zur Düngung [1241].

Petzold (R.), Praktische Erfahrungen bei Bauberatungen mit Bauern, Handwerkern u. Baumeistern. II 999.

Pfähler (F.) s. Gummert (H.).

Pfaff (F.), Selbsthilfe in d. Weintechnik 1287.

Pfalz (H.), Bei d. farbigen Gestaltung v. Landmaschinen u. Traktoren mehr d. Menschen beachten 681.

Pfeiffer (A.), Vorführung v. Maschinen u. Geräten für d. Bodenbearbeitung u. Maisaussaat 34.

Pflaum (W.), Franz Stolze zum Gedenken 1210.

Pflaum (W.) u. **Hempel (W.),** Beitrag zur Anwendung d. Bezugsmarken- u. Abdruckverfahren für Verschleißmessungen bei Kolbenmaschinen 1048.

Pfleiderer (C.), Kreiselpumpen f. Flüssigkeiten u. Gase [547].

Phelps (A.), Rohrleitung in d. Schweineproduktion 747. — Entwurf zu einem idealen Schweinemaststall 1022. — Geringster Melkkräftebedarf 1100. — Verbesserung d. Milchviehhaltung 1268.

Philipp (F.), Mähschneidwerke 719. — Wann Heck- u. wann Zwischenachs-Mähwerk? 719.

Philipp (G.), Verschleißuntersuchungen an gefährdeten Teilen d. Maschinen für d. Pflanzenschutz 1161. — s. Berger (P.).

— u. **Jeske (A.),** Untersuchungen zur Mechanisierung d. Pflanzenschutzmaßnahmen im Tabak 239.

Philipsen (P. J. J.), Erfahrungen mit dem „Hent-O-Vent"-Belüftungssystem im Erntejahr *1960/61* 60. — Randbemerkungen zur Heubelüftung *1962* 60. — Waschen, Bürsten u. Abpacken v. Kartoffeln 67.

Phillips (E.), Entwicklung v. Pflanzenschutzgeräten in England 379. — „Luftkissen" überwindet schwierige Bodenverhältnisse 1216.

Phillipson (A.), „Mikron-Twin"-Sprühgerät; N.I.A.E.-Test 241. — Vergleichende Feldprüfungen v. *4* Mähdreschern 893. — s. Bufton (L. P.); Hale (O.); Klinner (W. E.); Lawrence (D. C.); Pascal (J. A.).

Phipps (L. J.), Ideas for farm mechanics projects and activities 382.
Pičak (V. A.), Pflanzenanzucht bei künstlicher Beleuchtung 773.
Pick (E.), Methode z. Bestimmung d. zykl. Pflege- u. Instandsetzungsarbeiten an Schleppern 691.
Piel-Disruisseaux (J.) s. Dupont (R.).
Pilišek (V.) u. **Sylla (B.)**, Grundlagen d. Organisation d. MTS [140].
Piller (B. A.), Hydraulik v. Ladegeräten 864.
Pilszak (J.) u. **Knopp (W.)**, Kraftstoff u. Schmieröle im landwirtschaftlichen Zirkel [843].
Pinfold (W. J.), Fußbodenkonstruktionen für Wohnräume 814.
Pingel (H.), Vergleichende Untersuchungen über d. Käfigaufzucht bis z. Junghennenalter gegenüber d. Bodenaufzucht und deren Auswirkung auf d. spätere Leistungsfähigkeit in d. landwirtschaftlichen Geflügelhaltungen 583.
Pinter (A.) u. **Jónis (S.)**, Die Reinigung d. Getreides im Großbetrieb [1265].
Pinzer (K.) s. Schmitt (W.).
Pisanko (S. P.), Untersuchung d. technolog. Prozesses bei Reinigung u. Sortierung v. Hirse u. Buchweizen 182.
Pischinger (R.), Bombenversuche mit schwer zündenden Kraftstoffen bei Selbstzündung 843.
Piskozub (Z. I.) u. **Čalyj (V. P.)**, Universalmaschine GAN-*8* „Urožaj" 487.
Piskun (L. F.) s. Michajlov (D. M.).
Plank (R.), Handbuch d. Kältetechnik. Bd. *11*. D. gekühlte Raum — D. Transport gekühlter Lebensmittel — D. Eiserzeugung 1049.
Plassche (A. W. van de), Entwicklung d. Kompostbereitung in den Niederlanden 348.
Platonov (V. F.), Besonderheiten d. Fertigung v. Teilen aus Polyamiden mittels Druckguß 277.
Platonova (N.), Typen größerer ländlicher Gebäude für kulturelle u. gesellschaftliche Zwecke 1359.
Plattner (R.), Gestaltung v. Aufarbeitungsplätzen für Schwachholz 371.
Platzer (B.), Gesellschaft für forstl. Arbeitswissenschaft [95].
Platzer (H. B.), Maschinenführer als Schlüsselkraft d. forstl. Mechanisierung 94. — Zur Planung u. Aufarbeitung großer Windwurfflächen 101. — Entwicklung d. forstl. Technik 212. — Maschinenführer als Schlüsselkraft d. forstl. Mechanisierung 212. — Instandsetzung u. Pflege v. Motorsägeketten. Hobel- (auch Rund- u. Schaufel-)zahnkette u. Spritz- (Reißer-)zahnkette 474. — Betrachtungen zur Ausbildung an Forstmaschinen 615. — Windwurfaufarbeitung — eine Organisationsfrage 971. — Nietarbeit an Motorkettensägen 974.
Plavinskij (A.) u. **Chronopulo (G.)**, Mechanisiertes Kartoffellagerhaus 135.
Pljaščenko (S. I.) u. **Dudarev (M. A.)**, Ein verbesserter Gaslufterhitzer zur Entfernung d. Feuchtigkeit in Schweineställen 1096.
Pljasov (A.), Traktor „T-*40*" 148.
Ploegman (C.), Beregening bij de teelt van kropsla [1077].
Plotnikov (J. V.) s. Rušnov (N. P.).
Podčufarov (V.), Streichversatz mit abgeschrägtem Flügel 234.
Podgoričani (V. S.), Gerät zur Übertragung d. Bodenprofils 215.
Podkovyrin (A.), Ein neuer Traktor v. Traktorenwerk Onega 848.
Podwińska (Z.), Anbautechnik im mittelalterlichen Polen [1229].
Pöhls (E.), Erfahrungen beim Einsatz v. Kaltbelüftungsanlagen in d. LPG 572.
Poelma (H. R.), Selbst-Fütterung u. Speicher-Fütterung v. Jungvieh u. Schlachtvieh. I.L.B. *1959*. Publikation *3* 1012.
Poesse (G. J.), Royal-Schau *1962* 489. — s. Boer (J.), Prummel (J.).
Pötke (E.), Offenstallanlange Groß-Lüsewitz, techn. u. arbeitswirtsch. betrachtet 127.
Pötschke (L.), Was bietet d. Technik d. Landfrau? 78. — Energieversorgung u. Haushalttechnik 1105.
Pogodin (A. I.) u. **Siličev (A. I.)**, Georgische Autostraße 1336.
Pogorelov (A. I.), Theoretische Grundlage d. Berechnung einer Selbsttränke für Schafe. Vakuumtränke 329.
Pogorleckij (B. K.) s. Sysoev (A. V.).

Pogosbekov (M. I.), Bodenfeuchtigkeit u. Zugeigenschaften d. Radtraktoren 540.
Pohl, Neue Linie – auch bei Waschmaschinen 453.
Pohlit (W.) u. **Rajewsky (B.),** Strahlenschutzmaßnahmen 839.
Pohlmann (H.), Das moderne Dorf – d. moderne Hof 826.
Poiree (M.) u. **Ollier (Ch.),** Assainissement agricole. Drainage par tuyaux ou fossées. Aménagement des cours d'au et émissaires [301].
Pokorny (J.) s. Körner (H. J.).
Pokrovskaja (E.), Reparaturwerkstatt im Sowchos „Sarja Kommunisma" 1200.
Polášek (M.), D. selbstsperrende Keilrollenzug für d. Aufspannen v. Tragseilen d. Seilbahnen im Forstbetrieb 480.
Polenda (J.), Novotný (F.) u. **Dušek (A.),** Arbeitsorganisation bei Einführung d. komplexen Mechanisierung 1066.
Poletaev (A. F.), Die Bodenverdichtung beim Rollen d. Rades 862.
Polevickij (K. A.), Landmaschinen u. Geräte 275.
Politiek (R. D.) u. **Rooy (J. de),** Namelken met de hand of met de melkmachine [1279].
Poljak (M. S.), Erhöhung d. Verschleißfestigkeit d. Stützrollen v. Traktorketten 861.
Poljakov (A. A.) u. **Jarnych (V. S.),** Universelles Desinfektionsgerät für Kolchosen u. Sowchosen 446.
Poljanskaja (E.) s. Jabločko (G.); Lerner (F.).
Poljanskij (G.), Mechanisier. v. Erdarbeiten im ländl. Bauwes. 641. – Ladegeräte als Anbaugeräte an Landmaschinen 641.
Polonskij (L.) u. **Bronfman (L.),** Verbesserung an einer Kratzerförderer-Entmistungsanlage 191.
Polonskij (M. L.) u. **Sedoj (G. I.),** Elektronenrechenmaschinen im Dienste d. Holzversorgung 222.
Poltier (G.), Theoretische Untersuchungen zum Problem d. Baumrodung 963.
Pongracz (K.), Ungarische Futtermusmühle Typ „TF" 443.
Ponimaš (P. I.), Elektrotensiometr. Bestimmung d. Zugwiderstandes v. Meißel u. Preßkörper beim Maulwurfdränpflug 416.
– u. **Fere (N. E.),** Untersuchung technolog. Kennziffern über d. Qualität d. Maulwurfdränung mit d. Maschinensystem „KNU-*1*" u. „KNU-7" für d. Untergrundbewässerung 161.
Ponjatovskij (V.), Direkte Aussaat v. Weißkohl auf dem Feld ist wirtsch. 345.
Ponomarev (E.), Mechanisierter Viehhof des Kolchos „Makarow 127.
Ponomareva (A. A.) s. Mironov (I. A.).
Popov (K.), Einfluß d. Ballenpreßdichte auf verschied. Leistungswerte d. Pick-up-Pressen 560. – s. Kalojanov (A.); Peev (M.).
Popov (I. E.) s. Eleckij (A. I.).
Popov (O. S.), Wirtschaftlichkeit d. Sprengung bei d. Trockenlegung v. Wäldern in Sibirien 963.
Popov (V.), Für d. Weinbau – der Schlepper „Bolgar TL-*30*" 766.
Popov (V. P.), Polymere in d. mechanisierten Landwirtschaft [525].
Popova (D.) s. Jordanov (D.).
Postma (G.), Arbeitszeitverkürzung in d. Tierhaltung. *1.* Mitt. Ergebnisse d. Arbeitsuntersuchung 579. – Arbeitsorganisation im Weidebetrieb 1045. – s. Westra (P.).
Potthoff (H.), Arbeitserleichterung in d. ländlichen Hauswirtsch. 77.
Povetkin (G. M.) s. Morgulis (J. B.).
Power, Planung ist A und O 1145.
Prachov (L. P.) s. Chajrullin (Š. Š.).
Prati (M.) u. **Zoni (A.),** Tätigkeit d. Schädlingsbekämpfungsgesellschaft v. Piacenza u. Parma 992.
Prechler, Pflanzenschutzgeräte im Weinbau 1314.
Prejdunov (V. S.) s. Kobčenko (N. A.); Pecenkin (I. P.).
Přeslička (L.), Ein neuer Typ d. unifizierten Stalldungstreuers 1235.
Preston (R. C.) u. **Johnson (W.),** Elecrical Engineering Science [531].
Preuschen (G.), Gärfutterbehälter mit nachgiebigen Wänden 268. – Arbeitswirtsch. Überlegungen zur Rinderfütterung 330. – Arbeitswirtschaft in intensiven Gartenbaubetrieben 933. – Gesundheit – ein Betriebsmittel 1044. – s. Dupont (R.).

Preuschen (G.), Biesalski (E.), Brundke (M.), Fulda (E.), Hammer (W.), Hesselbach (J.), Klauer (D.), Krane (H.), Krause (V.), Kreher (G.), Preuschen (R.) u. **Röhner (J.),** Der bäuerliche Familienbetrieb, seine Arbeitswirtsch. u. seine Zukunftsmöglichkeiten [8].
Preuschen (R.) s. Preuschen (G.).
— u. **Engel (R.),** Steuerung am Hang [699].
— u. **Rüprich (W.),** Untersuchungen an Pumpen u. Vorrichtungen zur Zerkleinerung, zum Aufrühren u. zum Fördern v. Schwemmist in bäuerlichen Betrieben [753].
Prezent (A.), Locher zum Setzen v. Gemüsepflanzen 1291.
Prichod'ko (A. N.), Neue *4*reihige Baumwollerntemaschine „Pachtakor" 736.
Pricker (P. J.), Zugkraftberechnung derzeitiger Radtraktoren 698.
Priebe s. Grund (H.).
Priemer (G.), Bodenverfestigung mit Kalk im Wirtschaftswegebau 391.
Prihoda (E.), Standardisierte Reihe v. Traktorpflügen in d. ČSSR 879.
Prilepin (I. T.), Verwendung v. Leichtmetallegierungen u. Plasten bei Beregnungsaggregaten 419.
Prince-Smith (W. R.), Abferkelkäfige in Sauenbuchten 668.
Privalovskij (K.), Wirtschaftl. Lufttrocknungsanlage 270. — s. Gandel's-man (M.).
Procházka (J.), Meßgeräte nach dem Prinzip v. elektrischen Dehnungsmeßstreifen, d. im Forschunginstitut für Landmaschinen Verwendung finden 1207.
Prokopenko (D. D.), Eggen bei erhöhten Geschwindigkeiten 166.
Prokopenko (S. F.), Chem. Unkrautbekämpfung im Lein mittels Gebläse-Spritzgeräte 379.
— u. **Petrucha (E. I.),** Geringe Arbeitsbreite beim Spritzen d. Pflanzenbestände 108.
Prokopev (M.), Boden u. Bearbeitungsgeräte 619.
Prokopová (D.), Mechanisierung u. Automatisierung in Großmästereien 440.
Proksch (W.), Kunststoffe — Werkstoffe nach Maß [525].
Pronin (A. F. K.), Anpassung v. Landmaschinensystemen an d. landwirtsch. Gebiete 5.
Protasova (M.), Eine Geflügelfarm für *50 000* Hennen 1194.
Prott (J.) s. Schröder (G.).
Prün (H.), Erleichterte Schilfbekämpfung an Wasserläufen 873.
Pruitt (D. W.) s. Stanley (J. M.).
Prummel (J.) u. **Datema (P.),** Streuregelmäßigkeit von Düngerstreuern, Einfluß auf d. Ertrag 553.
— u. **Poesse (G. J.),** Prakt. Versuche mit d. Reihendüngung 167.
Pruseckij (B. I.), Industrieller Bau v. Geflügelställen 131.
Pšečenkov (K.), Kartoffelaufbereitungsmaschine mit stetigem Durchlauf 1265.
Pšečenkov (K. A.) s. Durov (V. K.).
Pticyn (S. D.), Wichtige Paramenter d. Warmlufttrocknung 317.
Puckett (H. B.) s. Klueter (H. H.).
Pülzl (S.), Reißlackverfahren 1046.
Püschel (K.), Aus alten Dörfern erwachsen neue sozialist. Siedlungsanlagen 120.
Püttmann (H.), Heißwasserbereitung in d. Küche 1103. — s. Schwarz (J.).
— u. **Schwarz (J.),** Heißwasserbereitung mit Elektrogeräten 1103.
Pütz (H.), Strukturelle Veränderungen in d. Landwirtschaft u. deren Einfluß auf d. Gebäude 999.
Pugačev (A.) s. Avdeev (N.).
— u. **Bykov (V.),** Bestellkombine „KAS-*2,7*" mit schwingenden Scharen 715.
Pusinelli (C.), Harvestoranlage Albareto in d. Poebene 1189.
Putnik (O.), Fünfjährige Erfahrungen im Waldwegebau 989.
Putten (B. U. van) s. Vos (H. W.).
Pytel (J.) s. Čermák (J.).
— u. **Čermák (J.),** Richtlinien d. Tschechoslowak. Akad. d. Landwirtschaftswiss. für d. Bau v. Milchkuhställen 396.

Quackenbush (H. E.), Stout (B. A.) u. **Ries (S. K.),** Pneumatische Baumobsternte. Teil I 1124.
Quade (J.), Für u. Wider d. Schleuderdüngerstreuers 38. — Für u. Wider d. Schleuderdüngerstreuers 1073.
Quick (A. J.), Ringspülung. *1.* D. Ver-

fahrungsplan, *2.* D. Verfahren während d. Arbeit 1101.
Quinn (E.) s. Armstrong (J. J.).

Rab (G.), Fragen d. Mechanisierung bei d. Bereitung d. Zuckerrüben-Monogermsaatgutes u. Einzelkornaussaat 168.
Rabinovic (I. P.) u. **Klimčuk (J. F.),** Plaststoffanwendung zur Erhöhung d. Betriebssicherheit u. Nutzungsdauer v. Landmaschinen 682.
Rachmanov (S. I.), Über d. Berechnung d. Rundholzabwerfer 1326.
Račkov (N.) u. **Šprengel' (A.),** Wirtschaftliche Versuchsfarm d. Sowchose „Golowkowo“ 1007.
Radaj (D.), Berücksichtigung d. Spannungsfelder bei d. Konstruktion von Schweißverbindungen 523.
Rademacher (B.), Mechanische Unkrautbekämpfung im Getreide 425.
Radike (H.) s. Schröder (W.).
Radványi (G.), D. neue ungarische Traktor „D *4* K“ mit Allradantrieb 1215.
Radzimiński (S.), Versuche zur Verwendung d. Zugmaschine „Ursus C-*325*“ in d. Holzabfuhr 103.
Raether (W.), Neuere Erfahrungen bei d. Ausnutzung v. Rollhäusern durch Gemüsekulturen 1120.
Raev (B. G.), Schneiden v. Stengeln mit rotierenden Messern ohne Gegenschneide 1241.
Raiss (W.), Einfluß d. Prüfanordnung auf die Wärmeleistung v. Radiatoren 926. — s. Krischer (O.).
Rajchlin (Ch. M.) u. **Fedorova (G. R.).** Feuchtigkeitsmesser für Getreide „AFI-*1*“ 578.
Rajko (V. I.) u. **Košyó (Ju. I.),** Großraumschweineställe 666.
Rang (W.), Tiefgefrieren — Arbeitsentlastung 930.
Rapota (E. P.) s. Zablockij (V. P.).
Rappoport (D. M.), Mertechin (I. I.), Suvorov (A. M.) u. **Chripin (V. V.),** Selbstfahrendes Labor d. Staatl. Forschungsinst. für Schlepperbau (NATI) 141.
Raschig (K.), Heißgemischte Tragschichten für Wirtschaftswege unter Verwendung v. hochviskosem Teer als Bindemittel 649. — Ausführung v. Wirtschafts- u. Forstwegen mit bituminösen Allwetterbindemitteln 1355.
Rassudov (B. A.), Lösen d. Schlepptrossen beim Abwerfen d. Stammbundes v. d. Rückeschild d. Traktors 1328.
Rath, Wäschetrockner 454.
Raum (H.), Landwirtsch. Abt. d. Techn. Hochschule München v. *1872* bis *1901* 680.
Rauscher (M.), Harvesting and storage of grain maize [157]. — Mechanization of agriculture [679]. — Les besoins de l'agriculture en matière de tracteurs dans les petites exploitations [699].
Rautavaara (T.), Erfahrungen u. Konstruktionen mit Kunststoff-Folien in Finnland 605.
Ravestein (J.), Anwendung v. Plaststoffen für den Gewächshausbau in Amerika u. Kanada 87. — Heizung in Plastik-Gewächshäusern 774.
Rázsó (I.) s. Hajas (J.).
Read (S. H.) s. McLean (V.).
Rebour (H.), Bewässerung durch Beregnung. Folgerungen aus d. *4.* Kongreß über Bewässerung und Drainage *1960* in Madrid 458.
Rechnagel u. **Sprenger,** Taschenbuch für Heizung, Lüftung u. Klimatechnik *1962* [1353].
Recoules (J. Ph. de) u. **Lanen (J.),** Neuer Tabak-Trockenschuppen mit vertikaler Lüftung 439.
Redel (E.), Kosten im Elektro-Installateurhandwerk 1357.
Red'kin (A.), Doppelter Seilkran 1330. — u. **Barykov (M.),** Rundholzverladen mit d. Kran „KKU-7,5“ 1332.
Reece (A. R.) s. Kilgour (J.).
Reepmeyer (G. A.), Möglichkeiten stehen offen. Grundsätzliche Fragen zum Schweinestallbau 258.
Rees (D. V. H.) s. Nellist (M. E.).
Regge (H.), Statistische Auswertung v. Versuchsergebnissen 680.
Rehrl (K.), Unfallschutz an Maschinen 213. — Gedanken zu einer zeitgemäßen Umgestaltung d. landtechnischen Ausbildung 831. — Flächenleistung v. Feldgeräten 1045.
Rehschuh (D.), *XIII.* IUFRO-Kongreß Wien *1961.* Bericht über d. Arbeit d. Sektion *32*: Arbeitswissenschaftl. Forschung 95. — Durchführung einer

Arbeitsplanung im Forstbetrieb 959. — Auswertung v. Betriebsbeispielen für d. Arbeitsplanung 1134. — s. Hilf (H. H.).

Reich (E.), Einfluß d. Baustoffe auf d. Stallklima 657.

Reich (H.), Ist d. Anspritzen v. Hochspannungsleitungen gefährlich? 91.

Reichel (F.), Vollmechanisierung in d. Rinderhaltung d. UdSSR 439.

Reichel (H.), Betriebsbedingte Lage d. Gelenkwelle zwischen Schlepper u. Landmaschine 696.

Reichelt (K.), Verwendung v. Betondecken im Wirtschaftswegebau 648.

Reichert (W.), Silo- u. Jauchegrubenbau 267.

Reichl (H.), Dynam. Lageplan 124.

Reichl (J.) s. Křivan (J.).

Reiff, Betonspurbahn im landwirtsch. Wirtschaftswegebau 649.

Reimbert (M.), Silos [517].

— u. **Reimbert (A.),** Silos, Berechnung, Bemessung u. Ausführungsarten unter bes. Berücksichtigung d. Silolagerung v. Getreide 1197.

Reimer (A.), Kunststoffe, neue Helfer d. Landwirtsch. 403.

Rein (H.) s. Stoeckhert (K.).

Reinboth (W.), Frontlader „T *150*" zum Geräteträger „RS *09*", VEB Maschinenbau, Güstrow; Prüfbericht Potsdam-Bornim 154. — Kombinierter Einbaulader, Typ „T *272*", VEB Bodenbearbeitungsgeräte Leipzig; Prüfbericht Potsdam-Bornim 435. — Lader Typ „T *172*"; Prüfbericht Potsdam-Bornim 447.

Reindorf (H.), Praktische Erprobung einer Spillwinde zum Einachsschlepper-Triebachszug 1219.

Reineking (H. W.), Klarheit über Regelhydraulik-Systeme 1059.

Reinert (H.), Lagemäßige, bauliche u. betriebstechnische Lösungen für Offenställe 1185.

Reinhards (W.), Vielseitige Einachsschlepper 20.

Reinhold (J.), Veränderung d. Agrotechnik im Gemüsebau unter Einfluß d. Mechanisierung d. Gemüseernte 344.

Reinsch (H.), Sind Kunststoffrohre billiger als Stahlrohre? 34.

Reinsch (H. H.), Stallfußboden, ein wichtiges Kapitel! 253.

Reinsch (Hans H.), Richtig gebauter Weidezaun 322. — Kunststoffrohre für Warmwasserleitungen 498. — Elektronisch ferngesteuerte Landmaschinen 696. — Zentrale Warmwasserversorgung d. Bauernhofes 757. — Stallentmistungsanlagen u. bauliche Folgerungen 920. — Was muß man bei d. Einlagerung v. Heizöl beachten? 929. — Beheizung d. Landhaushalts mit Öl, Strom oder Kohle 1357.

Reisch, Funktionsgerechte Gebäude für Milch- u. Mastvieh 1184.

Reisch (E.) u. **Bischoff (T.),** Eine neue Stallform: Laufstall mit Einzelliegeplätzen 1010.

Reisch (F.), Gebäude für Milch- u. Mastvieh 396. — Funktionsgerechte Gebäude für Milch- u. Mastvieh 815.

Reisinger (W.), Gedanken über Ortsbild- u. Landschaftspflege 251.

Reissinger (G.), Bohrhackenpflanzung contra Winkelpflanzung 1138.

Reitmeier (W.), Feuchtgetreide — kein Problem! Getreidetrocknung ist d. Lösung 1090.

Renard (W.), Salon International de la maschine agricole *1961* in Paris 93. — Kunststoffe im Gartenbau 770. — Elektrizität als Produktionsfaktor im Gartenbau 934. — Elektrizität als wichtiger Produktionsfaktor 1109. — Gewächshäuser u. deren Heizung 1296.

— u. **Siebert,** Wärmedurchgangszahlen für einfach u. doppelt verglaste Gewächshäuser 942.

— u. **Stein (J.),** Betrachtungen zur Verdunstungskühlung in Gewächshäusern 608. — Verdunstungskühlung in Gewächshäusern 773.

Renaud (J.). Sammelpressen für Landwirte 172. — Erfolgreicher Mähdrusch v. Getreide, Mais, Raps u. Sonnenblumen 431. — Entwicklung d. Verfahren bei d. Mechanisierung d. Silageaufbereitung 718. — Ausrüstungen modernisierter Milchviehställe 1095. — Traktorenzubehör 1223.

Rennhofer (A.), Arbeitsuntersuchungen in d. Hauswirtschaft 1102.

Renntun (H. G.), Motorkettensägen verursachen zuviel Lärm 975.

Renth (K.), Probleme d. Konstruktion

landwirtsch. Zweiachs- u. Einachsanhänger 414.
Repin (A. N.) u. **Naumenko (A. I.),** Fahrbare Trocknungsanlage 1264.
Ressin (G.), Äußere Gestaltung v. Landmaschinen u. Traktoren 1040.
Rest (D. J.) s. Barker (M. G.).
Reumschüssel (G.), Einige Hinweise für d. Steigerung d. Wirtschaftlichkeit d. künstl. Grünfuttertrocknung 436. — Trocknung v. Getreide mit Hilfe v. Silikagel 742.
Reusner (H.) u. **Dechow (G.),** Mechanisierung d. Schöpfarbeit in d. Harzgewinnung 1149.
Reuter (H.), Stallklima u. Stallplanung 672.
Revuka (V. S.), Maschinenarbeit bei d. Saatbettbereitung mit erhöhten Geschwindigkeiten 165. — Bodenbearbeitung vor d. Aussaat mit erhöhter Geschwindigkeit 165.
Reznik (N. E.), Schlegelernter 45.
Richardson (P.) s. Bufton (L. P.); Lawrence (D. C.).
Richey (C. B.) s. Lehmann (H. A.).
Richter (G.) u. **Ruge (E.),** Flugzeugeinsatz gegen Maikäfer im Staatlichen Forstwirtschaftsbetrieb Colbitz 986.
Richter (W.) s. Krahnstöver (K.).
Rid (H.), Mit oder oder Pflug? 34. — Bodenbearbeitung in Holland 708. — Biologische Voraussetzungen u. Folgen d. Schlepper- u. Maschineneinsatzes auf d. Acker 862. — Pflanzen u. Pflegen 887. — Bodenbearbeitung im Frühjahr u. Herbst 1069.
Riddolls (A. W.) s. King (D. L.).
Riebe (K.), Arbeitsbedarf u. Arbeitskosten 6. — Mechanisierung d. Landwirtsch. in ihrer Auswirkung auf Betriebsorganisationen u. Betriebserfolg 8. — Landwirt u. Architekt, Partner beim Planungsgang landwirtsch. Gebäude 382. — Arbeitsbedarf u. Arbeitsverfahren in d. Schweinehaltung 439. — Rationalisierung d. Arbeiten in d. Schweinehaltung 911. — s. Andreae (B.).
Riedel (K.) u. **Tischler (H.),** Experimentelle Ermittlungen an Köpfmechanismen für Zuckerrüben 1256.
Riedig, Bodenstabilisierung u. zugehörige Einrichtungen 1153.
Rieger (R.) s. Berger (M.).
Riek (H. G.), Untersuchungen über d. Adhäsion zwischen Boden u. festen Werkstoffen [688]*.
Riemann (H.) u. **Gleichmann (E.),** Bodenverfestigung mit Straßenteer im Waldwegebau nach d. Heilbronner Erfahrungen 1151.
Riemann (U.), Mechanisierte Getreideförderung — aber wie? 742.
Ries (S. K.) s. Abu-Gheida (O. M.); Bingley (G. W.); Quackenbush (H. E.).
— u. **Stout (B. A.),** Ein vorläufiger Bericht über gartenbauliche Probleme im Zusammenhang mit einer Tomatenerntemaschine 949.
Riester (E.), Bitumen im ländl. Wegebau 648.
Rieth (G.) s. Holz (W.).
Rijkenbarg (G. J. H.), Wirtschaftliche Aspekte d. Stallmistkette 585.
Rilling (K.-E.), Schlegelfeldhäcksler oder Scheibenradfeldhäcksler 171.
Ring (W.) s. Meimberg (P.).
Ripper (A. L.), Zwangsstand für Massenuntersuchungen v. Rindern 257.
Rist (M.), Bauliche Maßnahmen zur Trocknung u. Belüftung 266.
Rist (Michael), Hofeigene u. außerbetriebl. Getreideverarbeitung 516. — Grundlagen für d. Bau u. d. Bemessung hofeigener Behälteranlagen zur Getreide 518. — Einfache wärmedämmende Stalldecke 808.
Risy (R.), Möglichkeiten d. Mechanisierung d. Obsttransportes u. d. Obstsortierung 1308.
Ritter (E.), Hinweise d. Arbeitsgruppe Rinder d. Forschungsgemeinschaft Tierhaltung u. Stallwirtschaft für d. Einrichtung v. Liegeboxen in Offenställen 1267.
Ritter (O. M.), Geländeketten für Kraftfahrzeuge im Forstbetrieb 470.
Ritzmann (F.), Aufgaben d. Landmaschinen-Konstrukteure nach d. VI. Parteitag d. SED 1204.
Rjabcev (V. N.), Drillen mit d. Anbau-Leindrillmaschine „SLN-48" 41. — Maschinen für d. Leinanbau 870. — s. Šmelev (D. I.).
Rjavkin (M. N.), Mechanisierung d. forstwirtsch. Produktion verbessern 1318.

Robel (H.), Kalkblaser „S *901*" und Kalkvorratswagen „S *841*", VEB Bodenbearbeitungsgeräte, Leipzig; Prüfbericht Potsdam-Bornim 219. – Int. Prüfung v. Sämaschinen für Forstbaumschulen 620. – Rationelle Mechanisierung d. Holznutzung durch Baumrodung u. baumweises Rücken 964.

Roberts (T. E.) s. Harper (J. C.).

Robinson (W. B.) s. Massey jun. (L. M.).

Robson (I.), Fortschritte in d. Schädlingsbekämpfung bei Citrusfrüchten 467.

Rochlenko (D.), Ein neuer Abschnitt 366.

Rochus (O.), Bedeutung eines zweckmäßig eingerichteten Wirtschaftsraumes im Arbeitsablauf d. ländlichen Haushaltes 1006.

Rockelmann (Ju.), Ferguson-Halbraupe im Tiefschnee 1135.

Roderich (L.), Geschirrspülmaschinen in d. Diskussion 930.

Rodigin (A. I.), Zeit u. Arbeitsbedingungen sind beim Einsatz v. Holzaufbereitungsmaschinen zu berücksichtigen 473.

Rodloff (W.), Gesichtspunkte für d. Planung v. Landwirtschaftswegen im Hinblick auf ihre spätere Erhaltung 647.

Rodriquez (F. R.), Einfluß d. Erntemaschine auf d. Kartoffelverluste 1085.

Röder, Seit 20 Jahren keine Bodenbearbeitung mehr mit d. Hand. Bericht über eine Reise zum Studium d. Bodenbearbeitung im nordfranzös. Weinbau 83.

Rögnitz (H.) s. Körner (H. J.).

Röhner (J.) s. Preuschen (G.).

Röhner (Johannes) s. Dupont (R.).

Röhrs (F.), Maschinelles Krautrupfen im Kartoffelanbau. Erfahrungen mit niederländ. Krautrupfmaschinen 178.

Römer (G.), Bauarten u. Arbeitsweisen v. Schlegelfeldhäckslern 721.

Roer (P.) u. **Los (G. J.),** Luftbewegung im Gewächshaus 772.

Rösel (W.), Kartoffelsortierer, Typ „TB *26*", Agrostoj, národni Podnik, Jičin, ČSSR; Prüfbericht Potsdam-Bornim 318. – Boxenbeschickungsanlage Typ „T *304*"; Prüfbericht Potsdam-Bornim 414. – Kartoffellegemaschine Typ „*4*-SBK-*62,5*"; Prüfbericht Potsdam-Bornim 716.

Rößler (L.), Wege in d. Heutrocknung mit Kaltluft 180.

Röthig (D.), Muster- u. Experimentalbau eines Spannbeton-Hopfengerüstes in Goppeln, Kr. Freital 728.

Rogie (D.) s. Klinner (W. E.).

Roginski (S.), Landwirtschaftliche Melioration [888].

Rogovoj (F. F.), Erfahrungen über d. Arbeit d. Maschinen- u. Traktorenaggregate bei erhöhten Geschwindigkeiten 534.

Rogozkin (A. V.), Es sind schwere Aggregate zu konstruieren, die mehrere Arbeiten verrichten 100.

Rohde (H. D.) s. Krause (V.).

Rohne (K.), Abwasser- u. Abfallbeseitigung auf d. Lande 813.

Rohrbeck (F.), Schiebetore für landwirtsch. Bauten 250.

Rohrer (M.), Ziele u. Möglichkeiten d. Laufstalles für Rindvieh unter schweizerischen Verhältnissen 817.

Rolin (P.), Bodenpflege im Obstbau 1287.

Roller (W. L.), Johnson (W. H.), Barden (R. D.) u. **Hahn jun. (R. H.),** Befestigung d. Fußbodens im Bergeraum 823.

Romanenko (V. P.), Arbeitsbedingungen d. Ährenheber bei d. Mahd v. Hülsenfrüchten 1078.

Romanowsky (K.) u. **Hirsch (K.),** Milchhaus für d. Rohr- u. Kannenmelken 819.

Rooy (J. de) s. Politiek (R. D.).

Rosegger (S.), Arbeitsphysiologische Probleme in d. Landtechnik, insbes. beim Schlepperfahren 846.

Rosenkranz (O.), Ökonomik – Technologie – Maschinensysteme 679. – Übergang zu industriemäßiger Produktion in d. Landwirtschaft 1035.

Roško (P.) s. Kern (J.).

Roškovskaja (N. P.) s. Akodis (G. S.).

Rosselet (J.), Möglichkeiten d. Milchviehoffenstallbaues 1186.

Rossrucker (H.), Verfahren d. Körnermaisernte – kurz getestet 727.

Rost (H.), D. Verhalten eines Krupp-Zweitakt-Dieselmotors beim Betrieb mit verschied. Kraftstoffen 16.

Rostovcev (N. F.) u. **Čerkašenko (I. I.),**

Organisation d. landwirtschaftlichen Forschungsarbeit in d. USA 1202.
Rothwell (J. B.) s. Bedding (A. J.).
Rougé (B.), Bestimmende Faktoren für d. Größe v. Obstlagern 1310.
Rowell (J. G.) s. Cunningham (M. M. J.).
Rowland (J.) u. **Small (D.),** Mechanische Pflanzung auf d. Besitz Woburn 788.
Rowland (J. W.), Gemauerte Ferkelnester 1017.
Rozenberg (J.) s. Antonov (A.).
Rožin (N.), Wirtschaftlichkeit halbautomat. Taktstraßen 370. — s. Šinev (I.).
Rubcov (P.), Sińkov (I.) u. **Černjaev (N.),** Vollmechanisierung d. Melkens u. d. Milchnachbehandlung 192.
Rubeš (L.) u. Maleček (J.), Pflanzenschutz [996].
Rudakov (G. M.) u. **Kabanov (A. N.),** Kombigerät für d. schichtweise Bodenbearbeitung 37.
Rudakov (N. A.), Ausdruschuntersuchung an Maiskolben durch Oszillogramm u. Zeitlupenaufnahmen 1241.
Rudd (H. A.) u. **Whiting (A. D. G.),** Verbesserungsvorschläge aus d. Praxis 1024.
Rude (M.), Elektrizität im landwirtsch. Neubau 499.
Rudenko (N.) s. Kučer (P.).
Rudjak (N. I.) s. Kučerenko (F. T.).
Rudolph u. **Eichler,** Grundlagen d. Instandhaltung v. Landmaschinen u. Traktoren [685].
Rudolph (H.), Gedanken zur Problematik d. Holzrückens 777.
Rüb (F.), Geschirrspülmaschinen 339. — Moderne Heißwasserspeicher u. Boiler 450. — Elektr. Haushaltgeräte auf d. Hannover-Messe *1962* 599. — Kölner Herbstmesse (*1962*) 600. — Klimageräte — ein zukünftiger Verkaufsschlager 929. — Kölner Frühjahrsmesse: Starker internationaler Wettbewerb 932.
Rühlmann (G.), Probleme d. Industrialisierung d. Kartoffelproduktion 1228.
Rühmann (H.), Vollmechanisierte Grünfutterernte in Hangbetrieben 427. — Rationeller Kartoffelbau in Hangbetrieben 1228. — s. Meimberg (P.).
Rüprich (W.) u. **Hammer (W.),** Futtergang, Futtertisch u. Futtersteg? 262.
Rüprich (Walter), Welches Schwemmentmistungs-System? 1099. — s. Hammer (W.); Preuschen (R.).
Rüstig, Vollmechanisierung d. Dammräumens 877.
Rüstig (H.), Frostwarnung! 1130.
Ruge (E.) s. Richter (G.).
Rumens (E.), Offenstall aus Holz für Muttersauen 822.
Rummler (H. J.), Teerpech- u. bitumenhaltige Fußbodenbeläge in Schweinestallungen 513.
Rumpl (A.), Steckerfertige geschlossene Gefriergeräte für d. Landwirtschaft in Österreich [81]. — Worauf kommt es bei Gefriergeräten an? 339.
Rumsey (G.), Diese Guernseys erhalten eingesackte Heulage 1098. — Mechanisierte Fütterung d. Rinder in d. USA 1272.
Runov (B.), Automatisierte Futterverteilungssysteme in d. Tierzuchtbetrieben d. USA 751.
Ruppert (K.) u. **Wüsteney (G.),** Dolen im Waldwegebau 1152.
Rusanov (Ju. V.) s. Mosevič (P. I.).
Rusanov (S. G.) s. Kurušin (F. M.).
Rusiešvili (V. N.), Verschleißfestigkeit v. Gänsefußscharen bei Hackarbeiten in Teeplantagen 169.
Rušnov (N. P.) u. **Plotnikov (Ju. V.),** Hackmaschine „Karchula" 979.
Russ (K.), Apfelwicklerwarndienst in Österreich 612.
Russell (B. J.), Veränderungen im Legehennenstall in Taranaki lösen d. Lüftungsproblem 514.
Russel (J. R.) s. Elrod (J. C.).
Ruxandru (C.), Neue Maschinen für d. Obst- u. Weinanbau in d. R. V. R. 203.
Ružičič (N.), Problematik d. Anwendung landwirtsch. Transportmittel in d. Föderativen Volksrepublik Jugoslawien 291.
Rybal'čenko (I.), Alle Mittel d. Mechanisierung zur Bekämpfung d. Unkräuter einsetzen 552.
Rybalko (I. A.) s. Markovskij (S. G.).
Ryerson (G. E.) s. Edminster (T. W.).
Rykov (V. N.) u. **Serdjuk (M. A.),** Saatguttrocknung durch Belüftung

mit automatisch erwärmter Luft 577.
Ryžov (A.) u. **Zajcev (V.)**, Zahnscheiben-Bodenlockerungsgerät „DZP-*1*" 219.
Ryžov (S. V.) s. Ryžova (V. P.).
Ryžova (V. P.) u. **Ryžov (S. V.)**, Pneumatische Förderanlage für Naßfutter 74.

Sachl (J.), Möglichkeiten d. Mechanisierung d. Hopfenschnittes 1259.
Sack (H.), Kunststoffbelag auf Streichblechen 164. —Kunststoff-Forschung im Dienste d. Landwirtschaft 1041.
— u. **Hünseler (H.)**, Anbaugestänge an d. Heckhydraulik d. Schleppers 1059.
Sack (Hans), Über d. Ursachen d. Bodenverdichtung in d. Sohle d. Pflugfurche u. deren Vermeidung 881.
Sadowska (W.) u. **Borowy (R.)**, Forstl. Bauen in Polen 236.
Sadovski (A.), Wirksamkeit verschied. Kulturmaßnahmen vor d. Auspflanzen v. Obstgehölzen unter d. Bedingungen d. Moskauer Gebietes 602.
Šadrin (A. P.), Kleinkultivator 936. — Mechanisierung d. Pflege innerhalb d. Reihen v. Forstkulturen 968.
Saečnikov (V.), Bestarbeiten in nördl. Wäldern 800.
Säfvegård (A.), Fazit v. Sala 1187. — Offene Schweineställe 1193.
Šaff (N. M.), Ein mechanisierter Futtermischer u. -verteiler 914.
Safrazbekjan (O. A.) u. **Vereščagin (N. I.)**, Technolog. Besonderheiten neuer Kartoffelvollerntemaschinen 314.
Sagač (M. F.), Universal-Futterzerkleinerer „IKB-*1*" 750.
Sainsbury (D.), Schweinemastställe ohne Fenster 130. — Abferkelbuchten 259. — Schweinemastställe mit offenen Kotplätzen 1019. — Unterkünfte für Sauen u. Eber 1023.
Saito (E.) u. **Horiuchi (K.)**, Beanspruchung d. Tragseils unter d. Lastrolle einer Seilschwebebahn. Studien über Spannung, Verhältnis d. Seilvorspannung zur Belastung d. Tragrolle u. Verteilung d. Biegebeanspruchung bei *6* × 7 C/L Drahtseilen 233.
Saji (K.), *1,5*-Liter-Vierzylinder-Dieselmotor v. Mitsubishi Nippon 842.
Šalaev (S.), Hauptsache: Wege 235.
Šalaev (S. A.), Dichte d. Waldwegenetzes 1336.
Šalavin (V. F.), Automatischer Kubizierapparat für Rundholz 976. — s. Osychovskij (I. G.).
Salinger (J. P.), Halbautomatische Bewässerung von Aussaaten 1121.
Saliņš (Z.), Verladung v. kurzen Sortimenten u. v. Brennholz bei d. Durchführung v. Pflegehieben 1332.
Sal'nikov (V.), Einfluß d. Einspritzwinkels auf d. Arbeit d. Motors „D-*75*" 407.
Šamaev (G.), Mechanisierung d. Arbeiten im Obstbau 1287.
Šamaev (G. P.), Neue Pflanzenschutzgeräte 954.
Samilkin (V. D.) s. Bannik (A. P.).
Samojlov (I.), **Zabelin (V.)** u. **Gol'din (A.)**, Komplexe Mechanisier. beim Bau v. Abflußkanälen 651.
Samojlov (P.), Billige Maisdarre 271.
Samojlova (L. G.) s. Ševčenko (I. E.).
Samojlova (T. P.) s. Buromskij (V. I.).
Samotorin (N.), Maschinen für d. Anbau v. Zuckerrüben [1066].
Sampfer (H. C.), Bewegungsstudium u. Arbeitsgestaltung [5].
Samset (I.), Amerikanische Rückemethoden 794. — Amerikanische Maschinen zum Rücken v. Stämmen 795.—Rücken mittels LKW in Amerika 796. — Amerikanische Stammrückemethoden 972.
Samuelson (E.), Chem. Entrindung 376.
Samujlenko (F. A.), Kampf um den techn. Fortschritt 358.
Šanaurov (J. N.) s. Livšic (N. V.).
Sandt (J. v. d.), Ausbau u. Einrichtung v. Saatreinigungs- u. Beizstellen 1263.
Sannikov (G. P.), Für d. Vernichtung v. Sträuchern mit chem. Mitteln 106. — Spritzgerät „OND-*100*" 1340.
Šapiro (E. M.) s. Čaplygin (N. M.).
Šapiro (I. I.), Automat. Speicher- u. Zubringevorrichtung 371.
Šapovalov (K.), Melkanlagen vom Typ „Omička" 755. — Karussell-Melkstände 1192. — s. Kirzan (G.).
Šapovalov (K. S.) u. **Vazenmiller (N. K.)**, Ein Melkkarussell 922.

Saran, Rationelle Stromanwendung im Haushalt 450.
Saran (H.), Elektrische Haushaltgeräte 456. — Energieverbrauch u. Energiekosten im Haushalt 1104.
Šarapova (A. I.), Universal-Allradtraktor Typ „D-*4* K“ 849.
Šaripov (N. Š.), Quadratnest-Aussaat v. Baumwolle mit erhöhter Geschwindigkeit 716.
Šarov (N. M.), Pflug mit Rollen-Streichblech 879. — s. Borodkin (V. V.).
Sass (F.), Bouché (Ch.) u. **Leitner (A.),** Dubbel's Taschenbuch für den Maschinenbau [5].
Sasse (O.), Einsatz v. Einachsschleppern im Staatswald d. Lüneburger Heide 214.
Šatov (B. I.), Reparatur d. schadhaften Eisenbeton-Straßenplatten 989.
Satunovskij (G. M.), Technologiegerechte Konstruktion u. ökonom. Nutzeffekt d. Landmaschinen [833].
Sauer (K.) s. Böhl (K.).
Saurin (A.) s. Martinot (R.).
Savčenko (A.) u. **Korol'kov (G.),** Drei Stufen d. Fällens 790.
Savčenko (A. I.), Ostroglazov (V. A.) u. **Sibakov (N. M.),** Verwendung d. hydraul. Förderkorbes „AGP-*12*“ in d. Forstwirtsch. 622.
Savčenko (A. M.), Ein neues Holzeinschlagverfahren für d. Nadelwald 970.
Savčenko (M. Z.), Neue Technologie d. Kartoffelanbaus in den Kolchosen d. Polessje-Gebietes d. Ukrain. SSR 156.
Savčenko (N. Z.) s. Čubov (D. S.); Kirtbaja (Ju. K.).
Savel'ev (E. N.) s. Pavlov (F. A.).
Savin (A. I.) s. Kozlov (A. I.).
Sayce (R. B.), Ratschläge für d. Schweinemaststallbau 1023.
Sažin (S. N.), Stapelverfahren für überflutbare Lagerplätze 233. — Holzeinschlagverfahren, d. Jungwuchs erhält 795.
Ščegol'kov (A.) u. **Onegin (V.),** Automatische Ausformanlage 476.
Ščekočichin (V. V.) s. Bačurin (N. E.).
Schaafstal (H. A.), Schlepperlader beim Bergen v. Stroh 176. — Neuer Gabelstapler 1092.
Schaak (E. A.), Erfahrungen mit d. Folienstall 822.
Schache (H.), Wegestabilisierung im StFB Hildburghausen 1150.
Schad s. Lammert.
Schäfer (H.), Käfighaltung für Ablegebetriebe 1096.
Schäfer (W.), Heubelüftungsanlagen 1260.
Schalt (W.) u. **Wohlfeil (G.),** Untersuchungen über Arbeitsverfahren bei d. Cyclamenkultur 345.
Schaefer-Kehnert (W.), Betriebsgröße u. Arbeitswirtsch. unter d. Einfluß d. Technik 686.
Schalow (P.), Anwendung v. Stahlbetonfertigteilen beim industriellen Bauen im ländlichen Bauwesen d. DDR 1350.
Schalow (Paul), Mastenbauweise — Technologie d. Bauproduktion 642.
Schatzmann (H.), Kurs für den Einsatz u. Bau v. Langstreckenseilkran-Anlagen 104.
Schawlowitsch (M.), Organisch-mineralische Materialien v. hoher Festigkeit 832.
Scheele (K.), Die Biegebeanspruchung v. Gummifördergurten mit Gewebeeinlagen [838].
Schefflter (H.), Transport mit Zweiachsackerwagen u. dafür erforderliches Schleppergewicht 413.
Schendinger (W.), Hofmilchtank-Tanksammelwagensystem und d. Qualitätskontrolle in d. USA 590.
Schenkling (W.), Mechanisierungsgruppen in d. Feldwirtsch. d. sowjet. Landwirtsch. 703. — Die Ausbildung v. Spezialisten für d. Feldwirtsch. d. Sowjetunion 831. — Probleme d. industriemäßigen Anbaues d. Hauptkulturen in d. sowjet. Landwirtsch. 1227.
Scheruga (F.), Tätigkeitsbericht d. Bundesversuchs- u. Prüfungsanstalt für landw. Maschinen u. Geräte in Wieselburg a. d. Erlauf für d. Jahr *1962* 1039.
— u. **Waxenegger (I.),** Feuchtigkeitsbestimmung bei Heu u. Getreide 904.
Scheuermann (A.), Neues bei d. Heubelüftung 436. — Untersuchung zur Entwicklung v. schalldämmenden

Einrichtungen für Heubelüftungsanlagen 573. — s. Segler (G.).
Schib (K.), Selbstladewagen 1064. — Mähdrusch, Körnertransport u. -abgabe an d. Sammelstelle im Absack- u. Schüttverfahren 1248.
Schick (R.), Stottmeister (W.) u. **Lamprecht (P.),** Einrichtung v. Liegeboxen — eine Möglichkeit d. einstreuarmen Haltung im Offenstall 817.
Schick (W.), Engel (G.) u. **Lemke (W.),** Weitere Untersuchungen zur Verregnung v. Pflanzenschutzmitteln 1129.
Schiffel (E.), Technische Bauhygiene für geschlossene Ställe 1175.
Schiffer (W.), Getreidetrocknung auf dem eigenen Hof 317. — Moderne Güllewirtsch. senkt den Kostenaufwand in d. Getreideernte 332.
Schifferdecker (S.), Einige Probleme d. zwischengenossenschaftlichen Legehennenintensivhaltung 582.
Schiller (W.) s. Krupp (G.).
Schilling, Kartoffelsortierung während u. nach d. Ernte 67.
Schilling (E.), Maschinen u. Geräte für d. Bodenbearbeitung [888].
Schilling (G.), Einzelkorn-Sägeräte haben Zukunft 1074.
Schilling (G.) [München], Scheunenraum im techn. Fortschritt 133.
Schilling (W.), Körperfunktionen d. Forstarbeiter bei verschied. Organisationsformen 1133.
Schilling (W.) [Raben-Steinfeld], Handhabung getragener Maschinen 616.
Schindler (W.) s. Hussel (L.).
Schlack (P.) s. Stoeckhert (K.).
Schlaghamerský (A.), Anlage v. Erdwegen u. Rückung mit Traktoren 1158. — Beitrag zur Berechnung d. Spannung v. beiderseitig fest verankerten Seilen 1331.
Schlapman (W. J.), Grundbegriffe d. hydraul. Antriebes 696.
Schleicher (H.), Fortschritte bei d. Rodung, insbesondere für den Wirtschaftswegebau 98. — Internationaler Erfahrungsaustausch über Wegenetzplanung u. Normen für d. Bauelemente v. Waldwegen 1153. — Planung u. Ausbau d. Waldwegenetzes in Jugoslawien 1153. — Forstliche Wegebauplanung 1155.
Schleithoff (M.-L.), Fleischkonservierung in neuzeitlicher Sicht 930.
Schlichting (M.), Drehstahlregner 298. — Vollumbruch u. Vollumbruchpflug 619. — Vollumbruchpflug B *175* u. sein Zugkraftbedarf 1319.
Schlünsen (D.) u. **Domsch (M.),** Vergleichsvorführung v. Sandbodenmeliorationspflügen 303.
Schlünsen (Dieter), Welche Arbeitsketten lassen sich in d. Grünlandwirtsch. bilden 307.
Schlüter (G.), Schlierenoptisches Sichtbarmachen feinster Luftströmungen in d. wärmephysiologischen u. raumklimatischen Forschung 1352.
Schmid (H.), Anbau - Scheibenpflug, Typ „B *130/3*“, VEB Bodenbearbeitungsgeräte Leipzig; Prüfbericht Potsdam-Bornim 163. — Internationale Vergleichsprüfung v. Anhänge-Beetpflügen mit Untergrundlockerern 302. — Anbau-Winkeldrehpflug. Typ „B *158*“, VEB Bodenbearbeitungsgeräte Leipzig; Prüfbericht Potsdam-Bornim 303. — Kombinator „K *17*“, Typ „B *806*“, VEB Landmaschinenbau Torgau; Prüfbericht Potsdam-Bornim 709. — Untersuchungen an Pflugscharen 711. — Anhänge-Beetpflug, Typ „B *187*“, VEB Bodenbarbeitungsgeräte Leipzig; Prüfbericht Potsdam-Bornim 711. — Anhänge-Doppelscheibenegge, Typ „B *335*“, VEB Bodenbearbeitungsgeräte Leipzig; Prüfbericht Potsdam-Bornim 713.
Schmid (W.), Verpackungsprobleme beim Tafelobst 1127. — Tafelobst in Kartonverpackung 1309.
Schmidt (D.), Häckselkästen als Transportgeräte bei modernen Feld-Hof-Mechanisierungsketten 27. — Warum Feldwegebau heute vordringlich? 392.
Schmidt (E.) u. **Wenninger (H.),** Über neue Verfahren zur Bekämpfung der Flugbrandarten v. Gerste u. Weizen in d. DDR 1344.
Schmidt (F.), Schwaddrusch 895. — Probleme des Transportes in der Silomais- und Hackfruchternte 1063.
Schmidt (F.), Projekt „Grünfutter- u. Hackfrucht-Trocknungsanlage“ für d. Landwirtschaft d. DDR 1088.

Schmidt (G.), Frage d. Schnittglätte beim Schneiden mit Motorsägenketten 226.
—, Hientzsch (H.) u. **Schulz (H.),** Einsatz d. Deutschen Lufthansa für d. Forstdüngung im StFB Hagenow 620.
Schmidt (H.), Nutzung d. nichtbetriebseigenen Maschinen 9.
Schmidt (J.), Neuzeitlicher Wegebau in Marsch u. Moor 1354.
Schmidt (L.), Setzt sich im Ablegebetrieb d. Mehrstallsystem durch? 1369.
Schmidt (Th. E.), Technik d. Tiefkühlens 199.
Schmidt-Arand (M.), Fußbodenpflege gewußt wie 1281.
Schmiedel (H.), Untersuchungen zur Ermittlung d. mechanischen Eindringwiderstandes an Löß, Lößlehm u. lößähnlichen Lehmen 1208.
Schmitt (N.), Tonband ersetzt d. Vogelscheuche 467.
Schmitt (W.) u. **Pinzer (K.),** Landwirtschaftliche Unfälle 525.
Schmitter (E. P.), Landwirtsch. u. Bundesbaugesetz 386. — Planung im westeuropäischen Raum 1177.
Schmitz (J.), Sortieren u. Lagern v. Kartoffeln 1091. — s. Hechelmann (H. G.).
Schmock (F.), Ein Zweiraum-Laufstall mit Spaltenboden 1010.
Schnauffer (K.), Nicolaus August Ottos Vierzylinder-Viertaktmotor von *1861*. Zum *100*jährigen Jubiläum d. Viertaktverfahrens 15.
Schneider (B.) s. Maltry (W.).
— u. **Behling (H.),** Möglichkeiten d. Getreidetrocknung nutzen 823.
Schneider (E.), Verminderung v. Schneebruchschäden in Waldbeständen durch Hubschraubereinsatz 221.
Schneider (K.), Aufarbeitung v. Fichtenwindfällen in Oberhessen 971. — Noch einmal: Fichten-Windwurfaufarbeitung — wirtschaftlich gesehen 1139.
Schneider (K.-H.) s. Müller (H.).
Schneider (P.) s. Stoeckhert (K.).
Schneider (U.), Energiewirtschaftl. Bedarfszahlen. Teil 2. Elektrizität im landwirtsch. Haushalt 758. — s. Thaer (R.).
Schnell (W.), Trocknungstechnik (Übersichtsarbeit [529].
Schoch (R.), Wo stehen wir heute im landwirtsch. Bauwesen? 114.
Schön (A.), Strohbergung hinter dem Mähdrescher 50.
Schönauer (H.), Betonrohr als Einfallschacht 1158. — Straßenhobel für d. Wegerhaltung 1335.
Schönbeck (H.) u. **Henze (J.),** Einfluß d. Luftwäsche auf d. Keimgehalt u. d. Zusammensetzung d. Atmosphäre v. Obstlägern 952.
Schönberger, Bunkerfüllstandsanzeiger mit radioaktiven Isotopen 282.
Schönemann (W.) s. Seidel (E.).
Schollain (L.), Komplettierung der Offenstallanlagen, vordringlichste Aufgabe im landwirtschaftl. Bauen 398.
Scholtyssek (S.), Arbeitswirtschaftliche u. hygienische Probleme beim Bau u. bei d. Einrichtung v. Hühnerställen 1368.
Scholz (A.), Möglichkeiten d. Maulwurfdränung in d. Praxis 1230.
Schonnopp (G.), Beregnung — weiter automatisiert 874.
Schorcht (A.) s. Ehrhardt (J.).
Schrader (J.), Gewächshäuser aus Folie 1118.
Schreier (O.), Gerät zum Fang v. Coleopteren an Raps 1345.
Schreiner (U.), Untersuchungen über d. Einkommensbildung bei landwirtsch. Betrieben auf mathematischer Grundlage 686.
Schricker (G.) s. Heiss (R.).
Schrimmer (P.) s. Bußmann (K. H.).
Schröder (G.) u. **Prott (J.),** Kartoffellagerung u. Großsortierung in Schleswig-Holstein 1198.
Schröder (Walter), Maque (H.), Eppendorfer (K.), Schulz (A.). Hahn (F.). Radike (H.) u. **Zieschang (R.),** Empfehlungen für d. wirtschaftlichen Zuckerrübenanbau 886.
Schröder (Willy), Standardisierung im Wohnungsbau u. im ländlichen Bauwesen 117. — Begriffsdefinitionen d. Standardisierung im Bauwesen 642.
Schrutek (K.), Betrieb v. Beregnungsanlagen unter Hochspannungsleitungen 706.
Schubenz (D.), Hinweise zur Planung

u. rationellen Ausführung v. Wirtschaftswegen 1355.
Schuberth (L.), Belegen d. Brutapparate 186.
Schüerholz (H.), Über d. Bewertung d. Gebrauchsfähigkeit v. Wirtschaftsgebäuden landwirtschaftlicher Aussiedlungshöfe 1360.
Schülde (F.), Polypropylen als Werkstoff im Waschmaschinenbau 199.
Schüle (W.), Luftdurchlässigkeit v. Fenstern 388.
— u. **Lutz (H.)**, Lufttemperatur u. Luftfeuchtigkeit in Wohnungen 593.
Schünke (U.), Kurzer Überblick über d. Schlepperbauarten 845. — Geräteträger u. Mehrzweckgeräte im praktischen Einsatz 1056. — s. Meimberg (P.).
Schüßler (W.), Planung u. Durchführung d. neuzeitlichen Hauungsbetriebes (Verfahren u. Ergebnisse aus einem Staatsforstbetrieb) 1322.
Schuh (W.), Verfahren d. Drehschwingungsmessung 285.
Schukking (S.) u. **Wieringa (G. W.)**, Warum gut silieren? 574.
Schulte (F.) s. Andreae (B.).
Schulz (A.) s. Schröder (W.).
Schulz (H.) [Freising-Weihenstephan], Schleppereinsatz in d. Innenwirtschaft 1266.
Schulz (H.) [Teutschenthal] s. Möbius (F.); Schmidt (G.).
Schulz (Heinz) s. Wenner (H.-L.).
Schulze (E.), Bericht über d. Neuheiten v. Köln 1107.
Schulze (F.), Neuer Stall für d. Schweinemast 821. — s. Klink (G.); Mees (G.).
Schulze (H.), Wärmedämmung in Rindvieh- u. Schweineställen 250.
Schulze (Horst), Konstruktionen in Holzbauweise 494.
Schulze (K.-H.), Techn. Probleme d. Prüfungsmethoden bei Ermittlung d. Gebrauchswertes v. Landmaschinen 280.
Schulze (R.) s. Stoeckhert (K.).
Schulze-Bertelsbeck (E.), Hüttenhaltung v. Zucht- u. Mastschweinen im Vergleich mit d. Stallhaltung [753].
Schumacher (N. W.) s. Körner (H. J.).
Schumm (H. R.), **Frederich (W.)** u. **Kaiser (H.)** [Dummerstorf], Stand unserer Schweinezucht u. -haltung zum Welthöchststand u. Schlußfolgerungen für d. Praxis 1095.
Schumm (H.-R.), **Lohse (D.)** u. **Finsterbusch (H.)** [Bernburg], Großbuchtenhaltung in d. LPG „Phillipp Müller“ Willerode, Kr. Hettstedt 261.
Schuster (H.), Moderne Haustechnik in Küche, Bad u. Waschküche [78].
Schuricht (R.), Ausländ. Erfahrungen bei d. Mechanisierung d. Schüttelns v. Obst 89.
Schurig s. Brenner (W. G.).
Schurig (M.), Langgutkette in der Grünfutterernte 173. — s. Seifert (H.).
Schurig (Manfred), Ein- u. Auslagerung v. Silogut 327.
Schwanebeck (G.), Reparaturkosten d. Motorkettensägen im Holzeinschlag 370.
Schwaneck (G.) [Würzburg], Probleme d. Komponenten-Silos 1370.
Schwarz, Warmbauten der Landwirtsch. Gebäude für Mehrzwecknutzung 249.
Schwarz (H.) s. Isselstein (R.).
Schwarz (J.) u. **Püttmann (H.)**, Elektr. Heißwasserbereitung 758. — s. Püttmann (H.); Stieren (E.).
Schwarz (K.), Verbesserung d. Betriebstechnik bei d. Beregnung 158. — Arbeitsverfahren bei d. Feldberegnung 706.
— u. **Gora (A.)**, Meliorationsmöglichkeiten mit Hilfe eines kombinierten Tieflockerungs- u. Tiefkalkungsgerätes 708.
— u. **Voigt (D.)**. Weiterentwicklung d. Beregnungstechnik in d. DDR 418. — Regenanlagen sorgfältig lagern! 458.
Schwarz (R.), Ein neues Lebendfanggerät für bodenbewohnende Säugetiere 1345.
Schwarzbach (R.) s. Grund (H.).
Schwarze (G.), Grundbegriffe d. Automatisierungstechnik [402].
Schweigler (W.), Rentabilitätsberechnung eines Wegnetzes 1156. — Wegedichte 1157.
Schweigmann (P.), Landmaschinen u. ihre Instandhaltung [144].
Schweitzer (P.), Hybrid-Motoren 1210.
Schwend (M.), Arbeitsverfahren bei d. Jungbestandspflege 788.

Schwope (D.), Schnittaufwand in Niederstammpflanzungen 346. — Welchen Anteil u. welche Bedeutung hat d. Pflanzenschutz im zukünftigen Intensivobstbau? 954.
Scott (I. W.) s. Whittlestone (W. G.).
Scott (P.), „Lindeteves *16* in.-Drycom Pyrethrum-Trockner"; N.I.A.E.-Test 209.
— u. **Minto (S. D.),** Schumacher-Pyrethrum-Trockner / kleines Modell N.I.A.E.-Test 953. — Lindeteves *22* in. Drycom-Pyrethrum-Trockner; N.I.A.E.-Test 953. — Massey-Ferguson Traktor "FE-*35* Diesel"; N.I.A.-E.-Test 148.
Scott (W.), Feuer im landwirtsch. Betrieb 810.
Scott-Wiik-Hansen, Einzelunterbringung v. güsten Sauen 913.
Ščuka (V. P.) s. Kugenev (P. V.).
Sczécsényi (A.) s. Stern (L.).
Seay (R. T.) s. Cotter (D. J.).
Sebestýén (J.), Anwendung v. mathematischen Methoden in d. Untersuchung d. landwirtschaftlichen Produktion [1204].
Šechter (J. S.) s. Serov (B. V.).
Sedlak (O.), Tragwerkbauweisen forstl. Straßenbrücken u. Untersuchungen über deren Wirtschaftlichkeit 484.
Sedlmeier (M.) s. Eichhorn (H.).
Sedoj (G. I.) s. Polonskij (M. L.).
Seehase (K.), Innerbetrieblicher Transport im Gartenbau 83.
Seemann (J.), Beitrag zum Problem d. Kühlung v. Gewächshäusern während d. Sommers mit einfachen Verfahren 607.
Seferovich (G. H.), Wie stark beanspruchen d. Farmer ihre Traktoren? 846.
Segal' (I. B.) s. Bekker (I. G.).
Segler (G.), Landtechnik 1. — Fortschritte bei d. Heubelüftung 737. — Lärmverminderung bei Heubelüftungsanlagen 905. — Bei Heubelüftungsanlagen Anti-Schall 905. — Schalldämpfer für Heubelüftungsanlagen 905. — Lärmschluck für Heulüfter 905.
— u. **Scheuermann (A.),** Lärmverminderung bei Heubelüftungsanlagen 738. — Weniger Lärm bei Heubelüftungsanlagen 905. — Heubelüftung ohne Lärm 905.
Segler (G.) u. **Vornkahl (W.),** Verzeichnis d. landtechnischen Schrifttums in d. Bundesrepublik Deutschland nach d. Stand vom *1. 9. 1961* [830]. — Mechanisierung d. Landwirtschaft [830].
Seidel (E.) [Potsdam], Wie arbeitet d. VEB Meliorationsbau Potsdam? 1068.
Seidel (E.) [Bernburg] s. Büttner (R.); Jochim (S.).
—, **Büttner (R.), Erlecke (K.-H.), Schönemann (W.), Weißbrodt (F.)** u. **Borchert (W.),** Vollmechanisierte Spinaternte mit dem Mählader E *0/62* 465.
—, **Büttner (R.), Blechschmidt (W.)** u. **Fiedler,** Planung u. Organisation d. Anzucht v. Gemüsejungpflanzen 603.
— u. **Oertel (E.),** Grundsätze für eine rationelle Ausnutzung d. Industrieab- u. Nutzwärme für d. Beheizung v. Glasflächen in d. DDR 947.
Seidel (P.), Zwei Jahre Konstruktionsarbeit für d. Forsttechnik im VEB Bodenbearbeitungsgeräte Leipzig 212.
Seidel (S.) s. O'Daniel (W.).
Seifert (A.), Ackerschlepper 287.
Seifert (Artur), Gleichmäßigkeit d. Furchentiefe beim Pflügen 36.
Seifert (Artur) [Braunschweig-Völkenrode], Verbrennungsmotoren für d. Landwirtschaft 857. — Entwicklungsstand d. Hydraulik für d. Ackerschlepper 863.
Seifert (H.), Feldhäcksler in d. Futterernte 170. — Silo-Glied in d. Feldhäckslerkette 307. — Scheibenrad-, Schlegel- oder Schneidegebläse-Feldhäcksler? 309. — Fortschritte u. Tendenzen bei d. Maschinen für d. Futterernte 556.
—, **Grimm (K.)** u. **Schurig (M.),** Der Feldhäcksler u. was dazu gehört 718.
Seiffert (K.), Durchfeuchtungsmöglichkeiten bei Gebäudewänden 388.
Šejchot (J. M.) s. Baranov (G. F.).
Šejnkin (G. J.), Gorbunova (E. N.) u. **Surin (V. A.),** Automatisierung d. Bewässerung mit einem kombinierten Netz v. unterird. verlegten Rohren u. oberird. biegsamen, versetzbaren Rohren aus Polyäthylen 160.
— u. **Surin (V. A.),** Erfahrungen bei d.

Verwendung biegsamer Polyäthylenleitungen für d. Bewässerung 419.
Sell (W.), Küche u. Lebensform 195.
Seleznev (B.), Schneideorgan für spanlosen Schnitt 475.
Seleznev (N.) s. Knjazev (B.).
Semakov (A. N.), Erfahrungen d. Brigade I. Jakowlew – für alle Waldarbeiter 1322.
Semenov (V. M.) s. Okorokov (N. I.).
Senft (W.), Schwemmentmistung 677.
Serdjuk (M. A.) s. Rykov (V. N.).
Sergeev (M. P.) s. Ovsjannikov (B. P.); Zamjatin (G. V.).
Sergeev (P.) u. **Grjazin (A.),** Straßen mit stabilisierter Decke 1338.
Šeriev (I.) s. Dimov (S.).
Serov (B. V.) u. **Šechter (Ja. S.),** Rundholz-Kubizierautomat 1327.
Serov (V. I.), Fördergebläse „TPĖ-*10*" 1226.
Šeršeń (F.), Wir automatisieren d. Holzeinschlag 790.
Šeruda (S. D.) u. **Stegajlo (I. V.),** Modernisiertes Spritzgerät „OSŠ-*15* A" 1340.
Seryj (G. P.) s. Chačirašvili (G. A.).
Šestopalov (I. F.), Anhängefutterverteiler „PRK-*3*" 189.
Seuster (H.), Anforderungen an d. Anlage u. den Ausbau d. Wirtschaftswegenetzes 390.
Ševčenko (I. E.) u. **Samojlova (L. G.),** Anbauschleppe für d. Abschleppen d. Astholzes 471.
Ševelev (E.) u. **Pachomov (A.),** Anbauvorrichtung für Scheibenseche 787.
Ševelev (E. I.), Konstruktion eines Waldpfluges mit Drillmaschine 218.
– u. **Pachomov (A. I.),** Konstruktion d. Koltermesser an Waldpflügen 966.
Sexauer, Kölner Herbstmesse *1962* 764.
Shadbolt (C. A.), McCoy (O. D.) u. **Whiting (F. L.),** Mikroklima unter Folienzellen für d. Gemüseproduktion 1293.
Sharp (J. R.) s. Hebblethwaite (P.).
Shaulis (N. J.) s. Shepardson (E. S.).
Shepardson (E. S.), Studer (H. E.), Shaulis (N. J.) u. **Moyer (J. C.),** Mechanische Traubenernte, Versuchsergebnisse u. Entwicklungen in Cornell 1307.
Shepperson (G.) u. **Grundey (J.),** Versuche in d. Herstellung v. Heupreßlingen 722.
Shetschewa (S.) s. Koleff (N.).
Shrimton (D. H.) s. Gane (R.).
Sibakov (N. M.) s. Savčenko (A. I.).
Siblová (D.), Erfahrungen mit d. Erzeugung d. flüssigen Hefefuttermittel u. Verbesserung ihrer Qualität 325.
Siebenfreund (K.) s. Makaruk (L.).
Siebert s. Renard (W.).
Sieg (R.), Bisherige Steigungsgrenzen beim Mähen mit d. Traktor am Hang 428. – Moderne Technik bei d. Heuernte am Hang 560. – Wie weit kann d. Triebradreifen d. Zugkraft d. Traktors beeinflussen? 698. – Unkrautbekämpfung durch Bodenbearbeitung u. Saatpflegemaßnahmen 1069. – Mechanisierte Heuernte am Steilhang 1078. – Erfahrungen mit schweizerischen Einachstraktoren in österreichischen Berggebieten 1213.
Sieg (W.) s. Wobornik (F.).
Siegl (O.), Beziehungen zwischen Stalltemperaturen u. Mastleistungen bei Schweinen unter Berücksichtigung d. in d. Mastprüfungsanstalt Knau erzielten Ergebnisse. *1.* Mitt. 321; *2.* Mitt. 322.
Siepman (A. H. J.), Sammelroder in England 54. – Vorführung v. Kartoffelsammelrodern in Westdeutschland 1252. – Reihenspritzung bei d. Rübenbestellung 1341.
– u. **Terpstra (J.),** Vorführung v. Kartoffel-Sammelrodern u. Transportgeräten in Numansdorp u. Tollebeek *1961* 569.
Šilenko (V. A.), Spezialisierung d. Reparaturbetriebe 783.
Siličev (A. I.) s. Pogodin (A. I.).
Silversides (C. R.), Fortschreitende Mechanisierung auf den Waldbau in Nordamerika 361.
Šimek (J.), Kartoffelmiete aus Polystyrol 1091.
Simeonov (B.) u. **Manov (B.),** Hackmaschine mit rotierenden Messersternen für d. erste Maishacke 554.
Simkovics (L.) s. Stiller (R.).
Simon (P.), Wirtschaftswegebau auf d. Nordseeinsel Föhr 1355.
Simonis (F. W.), Stufenlos verstellbare mechan. Getriebe [23].

Simonov (L.) u. **Cimmerman (A.),** Perspektiven für d. Einsatz d. Maschinenträgers „SŠ-75“ 1215.
Simons (D.), Institut für Landmaschinenforschung 831.
Šinev (I.) u. Rožin (N.), Vorzüge d. Holzeinschlagverfahrens v. Kostroma 1322.
Sinicyn (B. S.), Arbeit v. Kettenschleppern mit Erdbaumaschinen 287.
Singe (G.), Molkereibauten 501.
Šinkarev (P.), Planung u. Ausrüstung eines Kuhstalles im Sowchos „Saretschje“ 1185.
Sińkevič (M. S.) s. Gavrilenko (G. G.).
Sińkov (I.) s. Rubcov (P.).
Šiolašvili (A.), Spritzdüsen aus Kapron 241.
Šipenko (O. P.), Gerät zum Messen d. Bodendichte mit Gammastrahlen 406.
Širjaev (I. T.) s. Birjukovič (K. L.).
Sirota (M.), Trocknung u. Lagerung v. Mais richtig organisieren 675.
Sirotin (K.), Wie muß die Entastungsmaschine gebaut sein? 103.
Sirotin (K. S.), Holzbevorratung für d. Ausformplatz 976.
Siseckij (E. V.) u. **Korol' (V. K.),** Mechanisierung im Zuckerrübensamenbau 314.
Šiškin (B. V.), Radtraktoren u. ihre Verwendung in d. Landwirtschaft 693.
Šiškov (K. N.), Tensiometer u. seine Verwendung bei Untersuchung d. Wasserhaushaltes im Boden 283.
Šiškov (S.) u. **Paraškevov (I.),** Mechanische Strohbergung nach Mähdrusch 566.
Šitikov (M. G.) s. Akodis (G. S.).
Sitnikov (A. P.), Probleme d. Mechanisierung d. Auflade- u. Entladearbeiten u. d. Transporte in d. Landwirtschaft d. UdSSR 546.
Sizov (J. N.) s. Buromskij (V. I.).
Sjačin (V.) s. Cechanovskij (A.).
Skalweit (H.), Bestimmung d. Kräfte an Schlepper u. Pflug bei regelndem Kraftheber 163. — Schlepperanbaugeräte u. Regelungsfragen 865.
Skarbilovič (T. S.) s. Evreinov (M. G.).
Skerdžev (A. I.) s. Marcynovskij (L. J.).
Skiba (A. I.), Mechanisiertes Freilegen d. Weinstöcke mittels Luftstrom 940.
Skierkowski (J.) s. Kepkova (A.).
Škinkis (C. N.), Systemat., kombinierte u. gelichtete Drainung 157.
Skjerve (P.), Heulager — Schafstall 1370.
Skobej (V. V.) u. **Michajlov (A. A.),** Laufwagen für halbschwebenden u. schwebenden Holztransport 984.
Skogstad (E.), Betriebsgebäude in neuem Stil 125.
Skomroch (W.) s. Andreae (B.).
Skotnikov (V.) u. **Petrovič (D.),** Künftige Maschinen zur Entwässerung u. Nutzbarmachung v. Sumpfgebieten 703.
Skotnikov (V. A.), Geländegängigkeit v. Kettentraktoren auf schwachen Böden 290. — Geländegängigkeit v. Kettentraktoren 863.
Skřivánek (V.), Zweiphasenernte v. Getreide mit d. umgerüsteten Mähdrescher 566.
Skundin (G. I.) u. **Dobrochlebov (A. P.),** Untersuchung d. v. d. Getriebeelementen d. Radtraktors übertragenen Kräfte 859.
Skvorcov (S. I.) s. Kuźmenko (V. P.).
Slabina (B. N.) u. **Parchomenko (V. N.).** Entladen d. Rundholzes durch Seilzug 1333.
Sladký (V.), Stellung d. landwirtschaftlichen Transportwesens in d. Volkswirtschaft d. ČSSR 543.
Slavin (R. M.), Vasil'ev (V. G.) u. **Geraśkov (N. I.),** Maschinensystem für Vollmechanisierung v. Geflügelställen 323. — Mechanisierter Geflügelstall für *2500—3000* Hühner mit einer neuen Technologie 514. — Neue Grundrißgestaltung 913.
Slavin (R. M.) u. **Ganelin (A. M.),** Automatisierung d. Wasserversorgung d. Viehhaltungsfarmen [753].
Slight (D. L.), Trennung d. Kartoffeln v. d. Beimengungen mit Hilfe d. Elektronik 52.
Šlimovič (B. M.) s. Čudnovskij (A. F.); Gončarov (B. P.).
Sljatkes (M. K.), Anwendung v. Plasten im Wolgograder Traktorenwerk 19.
Sljusarev (M. G.) s. Ferez (K. I.).
— u. **Zacharov (P. S.),** Erfahrungsaus-

tausch über d. komplexe Mechanisierung d. Aufforstungsarbeiten 96.
Slovik (M.), Unsere Erfahrungen mit d. Sämaschine „*6*-SeCN-*450*“ 716.
Small (D.) s. Rowland (J.).
Smechov (S. N.) s. Zaikin (V. P.).
Smeets (L.) u. **Braak (J. P.)**, Ventilationssystem d. Klimagewächshäuser im Phytotron d. Instituts für gärtnerische Pflanzenzüchtung Wageningen, Niederlande 768.
Šmelev (D.) u. **Rjabcev (V.)**, Maschinelle Leinernte mit erhöhten Geschwindigkeiten 433.
Šmelev (D. I.), **Rjabcev (V. N.)** u. **Antonov (A. I.)**, Vollmechanisiernug des Anbaus u. d. Ernte v. Flachs 29.
Smirjagin (E. S.) s. Baškatov (A. F.).
Smirnov (A. I.) u. **Arbuzov (I. P.)**, Mechanisierung der Wasserversorgung v. Schweineställen 73.
Smirnov (A. V.), Erfahrungen beim Bau v. Drängungen in d. Landwirtschaft 703.
Smirnov (I. V.) s. Bachmet (K. A.).
Smirnova (I. S.) s. Evreinov (M. G.).
Smith (D. W.) s. Jesson (M. W.).
Smith (Gordon), Boxenliegestall 255.
Smith (Graham), Wirtschaftlicher Betrieb v. automatischen u. anderen Systemen z. Viehfütterung 583.
Smith (N.McD.), Untersuchungen über das Spritzen v. Flugzeug aus in Bundaberg 1342.
Smith (O. A.) s. Borchelt (M. C.).
Smith (W. B. de V.) s. Marais (P. G.).
Smock (R. M.) u. **Yatsu (L.)**, Entfernung v. Kohlendioxyd durch Wasser in Lagerhäusern mit kontrollierter Atmosphäre 952.
Smol'jakov (R.) s. Nikandrov (B.).
Snel (N.) s. Wegenaar (C.).
Snjegowski (I. F.), Neue Spritz- u. Stäubemaschinen in d. UdSSR 993.
Söderlund (A.) u. **Wickström (R.)**, Radschlepper im Transporteinsatz 105.
Söderlund (J.) u. **Hagstedt (B.)**, Radschlepper im Transporteinsatz. *1.* und *2.* Mitt. 372. — Mechanisierung d. Waldarbeiten 468.
Söhne (W.) u. **Möller (R.)**, Über d. Entwurf v. Streichblechformen unter bes. Berücksichtigung v. Streichblechen für höhere Geschwindigkeit 881.
Söhne (W.), **Möller (R.)** u. **Bruer (R.)**, Meßeinrichtungen zur Durchführung u. Auswertung v. Pflugversuchen 164.
Soenenberg (H.-H.), Drehmomentschwingungen in Kupplungen v. Schleppern u. Maschinen 860.
Soffe (R.) s. Wells (D. A.).
Sojnikov (F. A) s. Chačiraševili (G. A.).
Sokolov (A.) s. Nikitin (V.).
Sokolov (M. M.), Automatisierung d. Fertigungsprozesse bei d. Futterzubereitung 71. — Automatisierung d. Fertigungsprozesse in d. Futterzubereitung 325.
Sokolov (V.), Großgruppenhaltung v. Schafen in d. nördl. Bezirken 670.
Sokolov (V. M.), Theorie d. Sässcharbewegung 424.
Solari (P.), Offener Abferkelstall 129.
Soldan s. Hausdörfer.
Soldatova (M. D.) s. Osychovskij (I. G.).
Solecki (Z.) s. Bedyński (B.).
Soloduchin (G. P.), Untersuchung d. Schleuderrades mit Siebtrommel als Arbeitsorgan v. Kartoffelvollerntemaschinen 730.
Sologub (D. M.), Mechanisierung u. Automatisierung d. Bedienung v. Traktoranhängern 155.
Solomonov (I.), Abwässer für d. Bewässerung landwirtsch. Flächen 705.
Solomykin (A. P.), **Nyžnyk (F. A.)** u. **Cedrik (D. F.)**, Maisvollautomatikmaschine „Chersonec“ [568].
Solovej (F. M.) u. **Petersen (P. P.)**, Fließbandtechnologie beim Anbau u. d. Ernte v. Zuckerrüben 296.
Solovej (P. T.) u. **Titovec (K. G.)**, Leindreschmaschine 51.
Solov̌ev (B. P.), Eine technisch-ökonomische Bewertung d. Bodenbearbeitungsgeräte im bewaldeten Teil d. Wolgagebietes 965.
Solov̌ev (V. M.), **Sturis (A. I.)**, **Avdeev (N. E.)** u. **Kažatkin (G. D.)**, Untersuchung d. energet. Kennwerte d. selbstfahrenden Mähdreschers „SK-*3*“ 49.
Šomanskij (T. S.) s. Bachmet (K. A.).
Someren (C. L. van), Stand d. Dränagetechnik 31.
Somerhalder (B. R.), Bewässerung v. Mais 158.

Sommerfeldt (H.) s. Dodillet (H.-J.).
Sommerkamp (G.), Stall als Arbeitsplatz 253. — Ländliche Wasserversorgung über Kunststoffrohre 813. — Erfahrungen in d. Schwemmentmistung 1273. — Hofanlagen u. Baukörper — arbeitswirtschaftlich gesehen 1359.
Sominitsch (N. G.), Mechanisierung d. Viehwirtschaft [441]*.
Sondern (J. A.), Bodenbedeckung mit weißer Kunststoffolie 349. — Verwendungsmöglichkeiten v. Kunststofftöpfen 603.
Sonnen (F.-J.), Einfluß einiger Bauvorschriften d. Verkehrsgesetzgebung auf Ackerschlepper u. Landmaschinen 541.
Sonntag (S.), Wie wird d. Fischgrätenmelkstand richtig genutzt? 923. — s. Cersovsky (H.).
Sordoillet (R.), Automat. Betrieb einer kleinen Beregnungsanlage ohne Zwischenbehälter 159. — s. Arrighi de Casanova (J.).
Sorenson, jun. (J. W.) s. Person, jun. (N. K.).
Soročan (J. P.) s. Marcynovskij (L. J.).
Sorokin (E.), Traktoren v. Typ „MTZ-*50*“ u. „MTZ-*52*“ 849.
Sorokin (E. M.), Dynamische u. Einsatzeigenschaften d. Traktors „DT-*75*“ 536. — Amerikanische Radtraktoren 848. — s. Gurevič (A. M.).
Šošin (N.) u. **Emel'janov (B.),** Schleppstrang mit Universalschloß 982.
Souček (K.), Wir bauen Versuchsaufzuchtställe für *500-2000* Kälber 1190.
Souček (Z.), Rollwiderstände v. Rädern mit starren Reifen [1060], 1220. — Kräfte- u. Elektroenergie-Verhältnisse beim Scheibenradhäcksler. *1.* Mitt. 1243. — Energie- u. Kraftverhältnisse d. Scheibenhäckselmaschine. *2.* Mitt. 1243.
Souczek (E.), Bericht über Entwicklung eines geräuscharmen Heubelüftungsgebläses 315.
Soutar (D. S.), Ställe mit Lattenrosten 506.
Southgate (B. J.) s. Wright (F. N.).
Spamer (P.), Dieselmotorenangebot d. amerikanischen, britischen u. deutschen Industrie 1049.
Spangenberg (D.), Schäden an landwirtsch. Geräten durch Fehler bei Konstruktion, Fertigung u. Montage 3. — Konstruktion von Maschinen u. Fahrzeugen, die auf unebenen Fahrbahnen fahren 524.
Specht (A.), Kartoffelerntemaschinen — DLG-Bericht *1962* 728.
Spek (J. C.), Eine gediegene Kombination von Stahl u. Aluminium 1295.
Spelina (M.) s. Mikes (K.).
Spencer (W. H.), Großkistenverwendung bei Äpfeln 1126.
Spiridonov (G.), Fragen d. Organisation d. Kleinserien-Fließreparaturfertigung 277.
Spiridonov (K. M.) u. **Charitončik (E. M.),** Untersuchung d. Starrheit eines Versuchsgetriebes für Schlepper d. *6*-Mp-Klasse 858.
Spirin (A.), Raupenkette mit Gummi-Metall-Gelenken 697.
Spoelstra (P. A.), Besser heizen mit Schweröl 206.
Spohn (E.), Fortschritte bei Herstellung v. Kompost. Erfahrungen d. Kompostwerkes Blaubeuren 348.
Spousta (Č.), Pflege u. Reparatur d. Traktoren [834].
Šprengel' (A.) s. Račkov (N.).
Sprenger s. Rechnagel.
Springenschmid (R.) s. Fiala (H.).
Spurling (M. B.), Beregnung v. Citrus 347.
Squire (M. J. E.), Stapeln v. Heuballen 739.
Šrejder (M. N.), Fedjukov (M. F.) u. **Vlasova (M. N.),** Erprobung d. Leindreschmaschine „ML-*2,8*“ 728.
Ssolodenikow (W. N.), Elektrifizierung d. landwirtschaftlichen Produktion und die Aufgaben des Landmaschinenbaues in der UdSSR [530].
Staaf (A.), Baum als Zahlungseinheit bei Fällungen 973. — Zweckmäßige Räder für den Geländetransport 1328.
Stachejko (F. G.), Besonderheiten d. Konstruktion v. Maschinen u. Geräten zur Aufforstung v. Kahlschlägen 962.
Stadničuk (P.) u. **Belinskij (A.),** Vorrichtung für d. gleichzeitige Aussaat v. Maiskörnern u. Sojabohnen 423.
Städler (M.), Einige Gedanken zur Mastenbauweise 809.
Städtler (M.), Unterstellräume für Maschinen u. Geräte in den LPG.

Vorl. Mitt. 271. – Unterstellräume für LPG-Maschinen u. -Geräte 272. – Gedanken zur Mastenbauweise 496.
Stahn (B.), Gießwagen für Moorbeet-Spezialbetriebe 1113.
Stamer (H.) s. Andreae (B.).
Stan (I.) s. Gábos (Z.).
Staněk (J.) s. Martaus (J.).
Stanley (J. M.), Haynes (H.) u. **Pruitt (D. W.),** Strahlen im ultravioletten Bereich 527.
Stannek (G.), Mechanisierte Arbeitsverfahren bei d. Ernte einiger Pflanzgemüsearten 89. – Neue Produktionsverfahren beim Zwiebelanbau 204. – Mechanisierter Kohlanbau auf großen Flächen 350. – Neuzeitliche Unkrautbekämpfung mit Ackerbürste u. Unkrautstriegel im Pflanzengemüsebau auf d. Feld [555]. – Mech. Unkrautbekämpfung auch bei Erdtopfpflanzung 604.
Stanton (B. F.) s. Dominick jun. (B. A.).
Starikov (P.) u. **Čunarev (N.),** Vorrichtung zur gemeinsamen Nestaussaat v. Bohnen u. Mais 887.
Stark (F.), Erfahrungen mit Nadelstreubeeten 99.
Stark (F. C.) s. Dedolph (R. R.).
Starlinger (U.), Vom einfachen E-Herd bis zum Elektronenherd 452.
Starodumov (A. M.), Neues Universalaggregat für forstwirtsch. Arbeiten 1317.
Starodumov (J. N.), Motorbohrer zur Entnahme v. Bodenproben ohne Zerstörung d. Bodenstruktur 405.
Starych (V.) s. Balyberdin (N.).
Štaud (V.) u. **Dressler (M.),** Bestimmung d. ökonomischen Entfernung u. Dichte d. Wegenetzes in d. Forstwirtschaft 1150.
Stauffer (O.), Landmaschinen u. Sicherheit im Straßenverkehr 865.
Stecenko (G.), Rübenausdünn-Anhängemaschine „PPS-6“ 427.
Stecenko (V. G.) s. Buromskij (V. I.).
Steffen (G.), Arbeitswirtschaft im getreidebaustarken Betrieb 892.
– u. **Hamann (H.-O.),** Gebäude- u. Arbeitskosten d. Silage- u. Heubereitung 135. – Arbeits-, Konservierungs- u. Verwertungsqualität im Rahmen d. Kostenrechnung 279. – Betriebswirtsch. Einordnung verschied. techn. u. baulicher Lösungen der Veredelungswirtsch. 508. – Mechanisierungsstand verschied. Arbeitsbereiche d. westdeutschen Landwirtschaft 1066.
Steffen (H.), Gerätegröße u. Geräteart im ländl. Wegebau 497.
Stegajlo (I. V.) s. Šeruda (S. D.).
Stegemann (D.) s. Kollmann (K.).
Stehle (K.), Arbeitsaufwand vom Gesamtbetrieb her gesehen 526. – Hat der Harvestore eine Chance? 824. – Schwemmentmistung betriebswirtschaftlich betrachtet 1099.
Steilen (K.), Kükenaufzuchtstall 264.
Stein (J.), Untersuchungen mit Ventilatoren zur Luftumwälzung in Gewächshäusern 607. – Steuerung d. Gewächshausklimas 1299. – s. Renard (W.).
Steinbruegge (G. W.) s. Hurlbut (L. W.); Larsen (L. F.).
Steiner (H.), Elektrizität im Spiegel d. Ausstellungen 455.
Steinhauser (H.), Silomais in d. Futterwirtschaft d. Rindviehhaltung v. betriebswirtschaftlicher Sicht 1227.
Steinlin (H.), Waldbau u. Mechanisierung 216. – Rationalisierung d. Waldarbeit 357. – Arbeitsorganisation im Forstbetrieb 958. – Rationalisierung d. Aufarbeitung u. d. Transportes v. Laubholzkronen- u. Durchforstungsmaterial 972. – Einfluß der Mechanisierung auf Verfahren u. Kosten d. Holzernte 1141.
–, **Löffler (H.)** u. **Dietz (P.),** Gewichtsmessung u. Gewichtsverkauf bei Rohholz 1140.
Steinmetz (H.), Einachshänger oder Zweiachshänger? Eine kritische Betrachtung 27. – Sortieren ist unumgängl. 67. – Automat. Rundstall 126. – Mehrsprachenbildwörterbuch Tierfütterung u. Tierhaltung [183]. – Ladegatter ermöglichen Einmannarbeit 292. – Düngerstreuer für Akker u. Grünland 713. – Mittel zur Mechanisierung d. Stapeldungkette 752. – Bessere Transportgeräte für Hof u. Stall 1065. – Schleppergeräte zur Bodenbearbeitung 1069. – Moderne Drillmaschinen für d. Schlepperbetrieb 1074. – Kartoffellege- u.

Pflanzmaschinen 1075. — Seilwinden für d. Holzabfuhr 1147. — Freßgitter für Anbinde- u. Laufställe 1272.
Steinrath (H.) u. **Niediek (H.)**, Über d. Korrosion feuerverzinkter Bandstahlrohre durch Pflanzenschutzmittel u. Magnesiumsulfat 613.
Steller (A.), Gleit- u. Wälzlager (Jahresliteraturübersicht) 833.
Stengele, Ent- u. Vernieten v. Motorsägenketten mit Nietbolzen 791.
Štepa (S. T.), Motorsäge f. Pflegehiebe in Schutzwaldstreifen 474.
Stepanenko (A. F.), Anbau-Wasserstrahl-Bohrer für d. Pflanzen v. Rebstöcken 938.
Stepanov (M. A.), Harvesting and conservation of green fodder in fry regions [157].
Stepanov (M. I.), Mechanization of dairy farms [185].
Stephan (G.) u. **Breski (H.)**, Arbeitsgeräte in d. Harzgewinnung 1149.
Stephan (H.), Zur Reifesicherung v. Körnermais unter den Klimabedingungen d. Gebietes um Halle auf d. Grundlage landtechnischer Maßnahmen [1229].
Stepočkin (P. M.) s. Kaliničenko (N. P.).
Steppuhn (A.), Geräte zum Überwachen d. Stoffeigenschaften und d. Stoffzusammensetzung 682.
Stern (L.) u. **Sczécsényi (A.)**, Fütterungsautomat Typ „Super" zur Schweinemast 445.
Steudel (H.), *Teil I*. Allgemeines. *Teil II*. Grundlagen. *Teil III*. Die Metalle und Legierungen. *Teil IV*. Werkstoffe für Sonderzwecke [525].
Stevens (G. N.), Untersuchung d. Leistung v. Versuchsschneckenförderern 743.
Stjernqvist (K.), Schutzhelme u. Schutzschuhe 783.
Stickler, Der Geräteträger erobert sich d. Gartenbau 1110. — Bahn frei für d. Zwangsbelüftung 606. — Bewässerungsmethoden unter Glas 775.
Stieglitz (E.), Tandemschlepper 695. — Steigerung d. Arbeitsproduktivität beim Pflügen durch stärkere Traktoren 709.
Stiegmann (G.) s. Barske (H.).
Stieren (E.), **Schwarz (J.)** u. **Bantzer (A.)**, Schwerpunkte d. Elektro-Installation in Haus u. Hof 1179.
Stietenroth (K.), Gutes Stallklima im Winter 1352.
Stille (U.), Messen u. Rechnen in d. Physik, Grundlagen d. Größeneinführung u. Einheitenfestlegung [402].
Stiller (R.) u. **Simkovics (L.)**, Zusammensetzbare Stahlbetonskonstruktionen im landwirtsch. Bauwesen 115.
Stodhart (A. S.) s. Golding (E. W.).
Stöcker (H.), Technik hilft im Gemüsebau 602.
Stoeckhert (K.), **Beck (H.)**, **Endres (R.)**, **Franzke (L.)**, **Gäth (R.)**, **Gast (T.)**, **Hagen (G.)**, **Hultzsch (K.)**, **Kopetz (K.)**, **Kraft (R.)**, **Rein (H.)**, **Schlack (P.)**, **Schneider (P.)**, **Schulze (R.)**, **Weinbrenner (E.)** u. **Würstlin (F.)**, Kunststoff-Lexikon 277.
Stölzle (K.), Zahnräder u. Zahnradgetriebe (Jahresliteraturübersicht) 832.
Stoffert (G.), Zeitstudie bei landwirtschaftl. Arbeiten 140. — Arbeitsgestaltung b. Schneiden v. Erikenstecklingen 601. — Untersuchungen über d. Umtopfen v. *3*,5-cm-Multitopf in d. *8*-cm-Tontopf 1291.
Stojanov (Ch.) s. Buchčev (I.).
Stojuškin (I. A.), Mechanisierte Weinernte 1307.
Stolbov (M. S.) s. Ėfros (V. V.).
Stoll (K.), Beobachtungen bei d. Lagerung v. Äpfeln in verpacktem Zustand 90. — Grundsätze erfolgreicher Obstlagerung 1127.
Stoll (U.), Umbauen mit Verstand 1358.
Stoller (J.), Neues Feder-Rechengerät. Teil *1*. 139.
Stolzenburg (W.-L.), Volle Auslastung d. Technik durch Fließarbeit bei Ernte d. Winterzwischenfrüchte 308. — Rüttelzetter „E *251*", eine Neuentwicklung unserer Landmaschinenindustrie 311. — Einsatz d. Technik in d. Heuernte 557. — Anbaumähwerk Typ „E *143/1*", VEB „Fortschritt" Erntebergungsmaschinen Neustadt/Sa.; Prüfbericht Potsdam-Bornim 720. — Ergebnisse d. Vergleichsprüfung v. Heuwerbungsmaschinen 889. — Die Radrechwender „E *247*" u. „E *249*" schließen eine Lücke im Maschinensystem Futter-

bau 1081. — Rüttelzetter Typ „E *251*"; Prüfbericht Potsdam-Bornim 1244.

Stoneberg (E. G.) s. Fossen (L. van).

Storoženko (G. A.), Forstkulturpflug 98.

Storz (G.), Umbau einer Feldscheune zu einer Vollbauernstelle 505.

Stottmeister (W.) s. Schick (R.).

Stout (B. A.) s. Abu-Gheida (O. M.); Beckwith (M. D.); Bingley (G. W.); Quackenbush (H. E.); Ries (S. K.).

Stoye (A.), Tiefladeanhänger für Obstbau T *015* 1111.

Stracke (W.), Mechanisierte Ernte v. Zucker- u. Futterrübensaatgut 1254.

Stradymov (F.) u. **Djadjuško (V.),** Verschleißfestigkeit v. Teilen d. Motors „D-*54*" mit heraufgesetzter Leistung 696.

Strait (J.) s. Liljedahl (L. A.).

Strantz (A. v.), Grillen ist modern 80.

Strauß (F.), Neuzeitl. Hilfsmittel bei Moorbeetkulturen 605.

Strauß (W.), Anlagekosten d. Schwemmentmistung 519.

Strecker (E.), Neuere Entwicklungen bei Geschirrspülmaschinen 762.

Strehlke (B.), Holzeinschlag u. Holzausformung mit Motorkettensägen u. Kreissägen 367.

Strehlke (E. G.), Amerikan. Einflüsse auf d. Gestaltung u. Entwicklung d. deutschen Waldarbeit 211. — Aufbereitung, Anlieferung, Verwendung v. schwachem Holz 472.

Strelka (F.) s. Borský (I.); Hubač (M.).

—, Hubač (M.) u. **Zohorský (J.),** Entasten mit d. Axt u. Motorsäge 369.

Strooker (E.), *16.* englische Vorführung v. Rübenerntemaschinen 899. — s. Jorritsma (J.).

Stroppel (A.), Mechanisierte Schweinefütterung 919. — Gesichtspunkte für die Gestaltung v. automatischen Schrotfütterungsanlagen für Schweine 1098. — Futterdosieranlagen für d. Schrotfütterung im Schweinestall 1098.

Stroppel (Th.), Haltbarkeit u. Verschleiß v. Werkzeug- u. Maschinenteilen d. Landtechnik 1204.

Strouhal (E.), Transportmittel im Maschinensystem d. tschechoslowak. Landwirtsch. 26. — Energiequellen im landwirtsch. Transportwesen 411.

Strümpfel (K.), Wasserversorgung u. Abwasserbeseitigung (Jahresübersicht) 1356.

Strydom (J. C.), Gekühlte Glas- u. Plastikhäuser für d. Zierpflanzenbau 945.

Studer (H. E.) s. Shepardson (E. S.).

Stübler (E.), Technik u. bauliche Gestaltung d. Wohnhauses im landwirtschaftlichen Betrieb in ihrer Bedeutung für d. Arbeitszeitbedarf 1358.

Stürenburg (P.), Untersuchungen an Stalldungbreitstreuern. Grundlagen, Methode u. Beispiel 1235.

Stürtz (E.), Rationeller Wirtschaftswegebau im Küstengebiet 811.

Stürzinger (J.), Bodenbearbeitung im Drahtbau 940.

Sturis (A. I.), Automatische Regulierung d. Arbeitsprozesses bei d. Kombine „SK-*3*" 895.

Šturmak (D.), Mit Abwärme betriebene Gewächshauskombinate 775.

Sturmayr (R.), Neuzeitliche Forstwegebrücken aus Betonfertigteilen 1159.

Sturrock (F. G.) u. **Oger (Y.),** Möglichkeiten d. Aufbaues einer Offenstallanlage 1186.

Stutterheim (W.), Betriebseigene Futteraufbereitung u. Fütterung in d. Schweinehaltung 71. — Betriebseigene Futteraufbereitung zur Getreidemast; technische Möglichkeiten u. Wirtschaftlichkeit 72. — Rüben-Ausdünnmaschinen in d. Praxis 717. — Futteraufbereitung für Rind u. Schwein 1096. — Stand d. Technik bei d. Futteraufbereitung 1097.

Stutzer (V.), Rentabilität im Haushalt 194.

Šubrt (O.), Einführung technischer Normen in d. landwirtschaftlichen Produktion [1206].

Sucharenko (B.) s. Avdeev (N.).

Sucharenko (B. I.), Wirtschaftlichkeit d. selbstfahrenden Maschinenträgers „SŠ-*45*" mit Aufbaumaschinen 21.

Suchý (J.), Neue Maschinen für d. geteilte Zuckerrübenernte 56.

Sudit (Ž. M.) s. Ciciv (M. V.).

Südmeyer (W.), Kühlprobleme bei d. Obst- u. Gemüselagerung 1031.
Süß (A.), s. Hess (H.).
– u. **Wenner (H. L.)**, Untersuchungen über d. Luftverteilung bei Heubelüftungsanlagen mit Hilfe eines radioaktiven Gases 904.
Šulc (J.), Probleme d. Entfaltung d. landwirtsch. Transportwesens 411.
Šul'c (M.), Messungen der Bodenfeuchtigkeit nach d. Neutronenmethode im Winter 529.
Sulea (I.) s. Miclea (E.).
Sulek (J. J.) s. Hurlbut (L. W.); Larsen (L. F.).
Šulenin (M.), Technologie d. Viehhaltung für alle Betriebe 655.
Sutan-Šach (E. G.), Hauptfaktoren, d. d. Qualität d. Behandlung v. Obstanlagen durch Ventilator-Spritzgeräte bestimmen 780. – Gebläse-Zerstäuber „OVT-*1*“ u. „OVS L'vov-*1*“ 781.
Šumov (A.), Rammgerät 801.
Sundberg (U.), Arbeitsaufwand u. Mechanisierung. *1.*Mitt. 101; *2.*Mitt. 213.
Šuran (I.) s. Lopatin (G.).
Surber (E.), Waldpflanzennachzucht in neuer Sicht 216.
Surilov (V.) s. Dokin (B.).
Surilov (V. S.) s. Dokin (B. D.).
Surin (V.), Arbeit v. Schwadmähern u. Mähdreschern bei d. Erbsenernte 735.
Surin (V. A.) s. Šejnkin (G. J.).
Sutner (W.) s. Lobenwein (A.).
Suvorov (A. M.) s. Rappoport (D. M.).
Švarcburg (L.) s. Bloštejn (Ė.).
Švedikov (N. M.) s. Tkačev (V. N.).
Švejcarov (L.) s. Ul'janov (A.).
Sventickij (I. I.), Gerät zum Messen d. wirksamen Bestrahlung v. Pflanzen 933. – s. Bachirev (N. F.).
Svinogonov (Ja.), Einsatz v. Landmaschinen auf Bauplätzen 1174.
Swirski (E.) s. Zucker (A.).
Sylla (B.) s. Pilišek (V.).
Syromjatnikov (S. A.), Beurteilung d. Kapitalinvestionen in den Holztransport 235.
Sysoev (A.) u. **Okulist (I.)**, Maschine zum Ernten v. Baumobst 610.
Sysoev (A. V.) u. **Pogorleckij (B. K.)**, Enthülsung d. Sonnenblumensamens bei Analysen v. Zuchtmaterial 182.
Sysoev (N. I.), Zur Theorie d. Wirkungsgrades d. Siebe 1208.
Szeibert (J.), Stand d. ungar. landwirtsch. Meßtechnik 404.
Székely (G.), Prüfung v. Läuterungsgeräten Dickungen 224.
Szeless (S.), Betriebswirtsch. Betrachtungen d. Straßenbaues 483.
Szijjártó (O.) s. Csorba (E.).

Taeubner (K.), Wirtschaftl. Bauweisen mit Bitumenemulsionen für ländl. Wege 812.
Tailfer (Y.), Technik d. Fällung mit d. Axt im äquatorial-afrikanischen Wald 974.
Takats (L.), Berieselungsgrünlandwirtschaft [888].
Talybov (G. Ch.) s. Gusejnov (G. M.).
Tanaka (T.) s. Fujihira (U.).
Tanašev (R.), Werchower Taktstraße 624.
Tanner (W. C.), Konstruktions- u. Anwendungsfaktoren für die Klebetechnik 1042.
Tarasov (A. M.), Universalhackfrucht-Traktor „Belaruś“ [699].
Tarnovič (N. K.) u. **Ostroumov (G. M.)**, Untersuchung v. Spritzdüsen 635.
Tatarlă (M.), Erhöhung d. Ardbeitsgeschwindigkeit bei den Bodenbearbeitungsgeräten 162.
Tate (M. T.) s. Denning (H. L.).
Tat'janko (N. V.), Berechnung d. Rübenköpfwerkzeuge 901.
Taubitz, Versuche mit künstlichen Windschutzstreifen. Windschutz in d. nordwestdeutschen Marschgebieten 1114.
Tauchnitz (E.), Die zahnarme Kette für d. „ES *35*“ beim Kiefernseinschlag 1142.
Taylor (R. K. R.), Bau v. wasserdichten Gruben 808.
Taylor (G. S.) s. Brutsaert (W.).
Teek (J. A. D.), Spätfrostverhütung 955.
Telbisz (K.), Bewässerung v. Reben [347].
Telegin (V.) s. Barabanov (V.).
Tempel (W.) u. **Bohn (A.)**, Warnkommando des Stares 242.
Tendler (M. M.), Vorrichtung zum

selbsttätigen Anhalten d. Transporteurs 977.
Terlikov (V. A.) u. **Grošev (L. M.)**, Untersuchung d. Spannungen in d. Einzelteilen u. Baugruppen v. Landmaschinen unter Feldbedingungen 1046.
Terpstra (J.), Reifen Hofka „Nylabourband" 862. — s. Siepman (A. H. J.); Jorritsma (J.).
Ter-Simonjan (L. G.) s. Evreinov (M. G.).
Theakston (F. H.), Schneeeinwirkung auf landwirtsch. Bauten 248.
Thaer (R.), Versuche mit Häuflern verschied. Anstell- u. Seitenrichtungswinkel 888.
—, **Honig (H.)** u. **Schneider (U.)**, Energiewirtsch. Bedarfszahlen für d. Innenwirtsch. landwirtsch. Betriebe 143.
Thevenot (R.), Neue techn. Entwicklungen bei d. Kältekonservierung v. Lebensmitteln 452. — Entwicklung d. Gefriereinrichtungen auf d. Gebiete d. Landwirtschaft u. d. Ernährung im Weltmaßstabe 597.
Thiel (R.), Temperaturregelung in Kartoffellagerhäusern 134. — s. Batel (W.).
Thiele (K.), Einsatz d. modernen Technik 935.
Thiemann u. **Horn**, Möhrenernte voll mechanisiert 464.
Thieme (F.), Kritische Betrachtungen zum Abferkelstallproblem 1365.
Thier (R. H.), Abmessungen bequemer Sitze 1060.
Thöns (H.) s. Weiland (G.).
Thomae (K.), Solitärgehölze — vom Luxusobjekt zur Handelsware 941.
Thomas (A.), Getreidetrocknung durch Luftzirkulation 1090.
Thomas (D.) s. Koeßler (P.).
Thornborrow (B.) s. McLean (V.).
Thümler (H.), Pflege u. Wartung d. Technik in d. LPG „Thomas Müntzer", Burgwerben 1043.
Thum (E.), Voruntersuchungen zur Errichtung eines Schlepperprüfdienstes 691. — Untersuchungen zur Überholungsbedürftigkeit v. Schleppermotoren 1217.
— u. **Tschiedel (E.)**, Zeitaufwand für d. Schmieren v. landwirtsch. Großmaschinen 684.
Thummernicht (W.), Ausbau v. Saunabadeeinrichtungen im Wohnhaus 1106.
Thurm (R.), Einsatzmöglichkeiten v. Feldhäckslern verschiedener Bauarten 720. — Probleme d. Industrialisierung d. landwirtschaftlichen Produktion 1037.
Tibold (V.) s. Kovács (T.).
Tichomirov (I.), Leistungssteigerung u. Senkung d. Kraftstoffverbrauches bei dem Benzin-Anlaßmotor „PD-*10* M" 143.
Tichomirov (V. G.) s. Evreinov (M. G.).
Tickner (R. W.) s. Bartlett (H. D.).
Tiersonnier (B.), Milchkühlung auf d. Bauernhof 194.
Tildi (I.) u. **Tóth (B.)**, Wirtschaftlichkeit d. Kalbzucht im Freistall [185].
Tiling (H. v.), Rationelles Bauen auf d. DLG-Ausstellung 678.
Tischler (H.), Zuckerrübenblatternte mit d. Schlegelhäcksler 901. — Was wird vom Mehrmaschinensystem für d. Zuckerrübenernte erwartet? 1255. — s. Riedel (K.).
Tiščenko (V. A.), Gerät für d. Bestimmung d. Bodenfeuchtigkeit 456.
Titovec (K.) s. Asjabrik (M.).
Titovec (K. G.) s. Solovej (P. T.).
Titze (W.), Transportkosten beim Versandgemüse 935.
Timm (W.), Heuturm u. seine Möglichkeiten 265. — Belüften v. Heu 1088.
Timofeev (G. P.), Holzeinschlag im Schmalschlagverfahren 473.
Timofeev (Ja.), Rohrleitungen für d. Futterverteilung aus gerolltem Material 1367. — Getreidelagerhallen aus Stahlbeton im Neulandgebiet 674.
Tjemmes (G.) s. Butier (C.).
Tjunin (V. P.) s. Zaikin (V. P.).
Tjupko (V.), Mechanisierter Baumwollanbau u. mechanisierte Baumwollernte 157.
Tjutin (A.), Unifiziertes Gebäude in Skelettbauweise 125. — Mechanisierter Großversuchs-Geflügelstall 132. — Melkstände aus Stahlbeton-Montageteilen 665.
Tjutjunnikova (V. A.) s. Evreinov (M. G.).
Tkačev (V. N.) u. **Švedikov (N. M.)**, Selbstschärfende Schneidelemente v.

Fräsen an Bodenbearbeitungsmaschinen 37.
Tölle (W.), Wie muß ein Regelhydraulikpflug beschaffen sein? 710.
Toeller (H.), Einige Gedanken zur Entwicklung d. Meßtechnik 835.
Töpfer (H.), Aufgaben u. Perspektiven d. ländlichen Wohnungsbaues 1180.
Tokovoj (V.), Rückeschlepper „TDT-*55*“ 1329.
Tolstov (V.), Einsatz d. Schwadmäher „ŽVN-*10*“ mit großer Arbeitsbreite im Neulandgebiet 892.
Toman (A. S.), Zweckmäßige Zusammenstellung v. Schlepper u. Landmaschine 17.
Tomasi (K.), Wohin geht d. Entwicklung in d. Silowirtschaft? 1089.
Tomescu (D.) u. **Bria (N.),** Mechanisierung d. Maisanbaues in Rumänien 29.
Tomin (E. D.) u. **Kopev (E. I.),** Anbaubodenfräse zur Erschließung v. Gestrüpp bewachsenen Flächen 712.
Tomovčík (J.), Leistungsbedarfsbilanz d. Dreschmaschine „MA-*90*“ 1083.
Toramanjan (A.), Zweckmäßige Laufstalltypen 509.
Toren (G. A.), Erfahrungen mit Trocknung- u. Lagerungseinrichtungen für Getreide 64.
Torosjan (P. N.), Wasserentkeimung in d. landwirtschaftlichen Wasserversorgung mittels ultravioletter Strahlen 1004.
Torpakov (F. G.), Rationelle Grundrißgestaltung v. Schweinefarmen 1368.
Tóth (B.) s. Tildi (I.).
Toth (M.) s. Csávás (I.).
Tovey (R.) s. Dylla (A. S.).
Towner, Motorplaniergerät mit rotierenden Scheiben 620.
Trabert (K.), Typen-Offenstall *10,50* m als Boxenlaufstall für 80 Kühe 398.
Tränkner (B.) s. Horn (H.-H.).
Traveller, Großgeräte auf d. Smithfield-Ausstellung 1166.
Trebin (B.), Pensaer Steckzwiebelsämaschine „PLS“ 937. — Reinigung u. Sortierung d. Steckzwiebeln in d. Maschine vom Typ „OSM-*3* U“ 1309.
Trehard (A.), L'aide technique de l'etat aux travaux d'équipement rural [2].
Tremblay (R.) s. Lafrance (J.).
Trepenenkov (I. I.), Starker Universal-Radtraktor für Pflegearbeiten 693. — s. Izotov (A. E.).
Trepenenkow (I.), Ein Hauptkennwert für d. Klassifizierung d. Traktorensystems 843.
Trepte (H.), Landarbeiter-Doppelhaus 393. — Versuchs-Schafstall Weimersheim 1194.
Tretjakov (V.), Ergebnisse v. Prüfungen d. Trieurs „TU-*400*“ 906.
Triebel (W.), Wohnungs- u. Landwirtschaftsbau 1349. — Rationelles Bauen in d. Landwirtschaft 1349.
Trinks (R.), Wirtschaftswegebau in Moor-, Marsch- u. Geestgebieten 1152. — s. Bonnemann (A.).
Trjasin (N. R.) s. Bačurin (N. E.).
Tröger (F.) s. Mielke (H.).
Tropin (I. V.), Aviochemischer Forstschutz [1335].
—, **Andreeva (G. I.), Gorjačeva (V. I.)** u. **Kuteev (F. S.),** Chem. Holzschutz statt Entrinden 106.
Troščin (S.), Selbsttränken für Schafe 188.
Troskalanski (A.), Hydrometry [5].
Truchetto (M. M.) u. **Villeroche (B. de),** Technik d. Maistrocknung 438.
Truchtenkov (L. V.), Halbautomat. Brennholzausformstrecke 794.
Trusov (J.), Mechanisierung schwerer körperlicher Arbeiten im Geflügelgroßmastbetrieb 443.
Tschatzki (L.) s. Blumenthal (R.).
Tschiedel (E.) s. Thum (E.).
Tschierschke (M.), Erzeugung v. Biogas im landwirtschaftlichen Betrieb 1210.
Tukey (L.), Fluck (M. F.) u. **Marsh (C. R.),** Ein Lichtsummenmesser für Licht v. natürlichen oder künstlichen Quellen 933.
Tulupova (M. A.) s. Gudkin (A. F.).
Tumanov (I. I.), Isakov (N. A.) u. **Chvalin (N. N.),** Transportable Anlage z. Bestimmung d. Frostresistenz v. Pflanzen im Freien 404.
Tur (G.), Instandsetzung v. Einzelteilen durch Auftragschweißen im Wasserdampf 834.
Turass (A.), Kupplungsvorrichtung 372.
Turbin (B. I.), Neue Berechnungsmethoden d. auf d. Mechanismen

v. Landmaschinen einwirkenden Kräfte 832.

Tureckij (R. L.) s. Macepuro (M. E.).

Turovskij (T.) s. Udilov (V.).

Turovskij (V. I.) s. Bujanov (A. I.).

Twiss (P. T. G.) s. Wilson (A. R.).

Ubbels (J.), Temperatursteigerung v. gekühlter Milch bei Tanklagerung 1101. – Das Kühlen v. Milch in doppelwandigen Milchtanks. Kühlzeit, Kühlwasserverbrauch, Wärmeleitungskoeffizient u. Kühlkosten 1278.

Udilov (V.) u. **Turovskij (T.),** Automat. Schwellenherstellung 228.

Udovičenko (V. G.), Sprengstoffe; in d. Praxis d. Waldbrandbekämpfung 107.

Uetz (H.) s. Wellinger (K.).

Uhlmann (S.), Neue Ergebnisse über d. Arbeit mit d. Hopfenpflug für *3* m Anlagen 880. – Einige Ergebnisse aus d. Erprobung d. Wagenköpfroders „E *710/4*" 1258.

Ujhelyi (S.), Hydraul. Zugkraft- u. Drehmoment-Meßinstrumente d. Ungar. Inst. für Landmaschinenentwicklung 141.

Ul'janov (A.), Koba (V.) u. **Švejcarov (L.),** Vollmechanisierter Geflügelstall 71.

– u. **Kononov (B.),** Mechanisier. arbeitsintensiver Prozesse in Kuhställen in Rahmenbauweise 661.

Ulldal-Ekman (E. v.), Milchvieh-Großstall 509.

Ul'man (I.) s. Bicadze (D.).

Umanskij (A. A.) s. Wang (K.).

Unt (V. Ja.) s. Kiščenko (T. I.).

Uptmoor (J.-H.), Obstabsatz, Sortierung u. Aufbereitung in Südtirol 950. – Rationalisierung d. Obsternte durch d. Einsatz v. Paletten 1122. – Die Palette – d. erste Schritt zur Arbeitsvereinfachung bei d. Ernte 1122. – Palette oder Großkiste? Zur Rationalisierung v. Ernte u. Erntetransport im Apfelanbau 1123. – Über d. Verwendung v. Palette u. Großkiste im Erwerbsobstbau 1302. – Technik d. Vorverpackung v. Obst 1310. – Vorverpackung v. Obst 1310.

Upton (M.), Untersuchungen über den Einsatz v. Diesel-Traktoren u. den Kraftstoffverbrauch auf *8* Betrieben in Berkshire 146.

Urban (K.), Erkenntnisse aus d. Montage universaler Stahlbetonkonstruktionen 384. – s. Jarnik (J.).

Urban (W.), Entwicklung d. Geflügelwirtschaft in d. ČSSR 1024.

Urff (W. v.) s. Gummert (H.).

Urin (Ja.), Verwendet d. Automobilaggregate „LM-7" und „LM-*9*" 1333.

Urjadnikov (M.), Welsker Entastungsgerät 625.

Ušakov (A.), Organisation d. Zuckerrübenernte 434.

Ušakov (O. F.) u. **Kljavir (S. J.),** Abhängigkeit d. Arbeitsqualität v. Rübenkombines verschied. Typen v. d. Stellung d. Rüben in den Reihen 179.

Usanov (A. V.) s. Kornienko (P. P.).

Uvarov (N.), Momentausschaltung d. hydraul. Keils 474.

Vachitov (N. S.) s. Artamonyčev (A. N.).

Vajnštejn (S.), Gringof (E.) u. **Kravčenko (V.),** Bebauung d. Dorfzentrums v. Ksawerowka 652.

Valentin (V.), Inovaţii în silvicultură exploatări şiitransporturi forestiere [216].

Vámosi (J.), Über d. Ergebnisse d. Grünfutter- u. Heutrocknungsversuche in Ungarn 572.

Vaněk (K.), Berechnung d. Anzahl v. Maschinen u. Leistungen für Großerzeugungstechnologien 1036. – Berechnung d. Kosten d. mechanisierten Arbeiten in d. pflanzlichen Produktion d. LEG [1206].

Vaněk (V.), „T-*4* K-*10*" – neue bedeutende Maschine für d. Gartenbau 1284.

Varaska (N.), Schichtholzverladen in Behältern auf d. Hauptlagerplatz 982.

Varaksa (N. E.), Mechanisches Schotterentladen 988.

Varlamov (G. P.) u. **Komissarov (P. M.),** Ermittlung v. Verfahren für d. mechanisierte Pflaumenernte 1306.

Vaščenko (E. A.) u. **Vasil'ev (V. I.),** Futtermischer „SKS-*5,0*" 443.

Vasil'čenko (U.) u. **Kudlaj (F.),** Mechanisierung d. Schweinemast 189.

Vasilenko (P. M.), Zur Bewertung

technolog. Kennwerte v. Bodenbearbeitungs- u. Sämaschinen 1236.
Vasilenko (P. M.) u. **Babij (P. T.)**, Kultivatoren. Konstruktion, Theorie u. Berechnung [304].
Vasil'ev (B. A.), Automatisierung v. Hauptlagerplätzen 227.
Vasil'ev (L.) s. Parunin (V.).
Vasil'ev (P. V.) u. **Minc (L. E.)**, Welche Rolle spielen d. mathematischen Methoden bei d. rationellen Organisation d. Holztransporte? 1333.
Vasil'ev (S. A.), Entwicklungsperspektiven d. Mechanisierung d. Getreideverarbeitung nach d. Ernte u. d. Saatgutvorbereitung 63.
Vasil'ev (V. G.) s. Slavin (R. M.).
Vasil'ev (V. I.) s. Vaščenko (E. A.).
Vasilew (K.) s. Aleksandrov (N.).
Vasserman (Z.), Umbau v. Gebäuden für d. Laufstallhaltung v. Milchkühen 662.
Vávra (V.), Angebaute Rübenkopfmaschine „*2*-OCN.*1*" u. ihr praktischer Einsatz 1086.
Vazenmaller (N.) s. Kirzan (G.).
Vazenmiller (N. K.) s. Šapovalov (K. S.).
Veleckij (I. N.), Vorrichtung für d. Obstbaukultivator zur chemischen Unkrautbekämpfung 1115.
Velev (B.) s. Petkov (Č.).
Velitok (I. G.), Grundsätze d. Konstruktion v. Melkmaschinen 334.
Venet (J.), Forstbetriebe in d. Tschechoslowakei 469.
Venkrbec (L.), Zu d. Problemen d. Streueinsparung in Rinderlaufställen 1009.
Verejutin (V.), **Vereščagin (V.)**, **Klaz (B.)** u. **Baljuba (Ju.)**, Traktor „DT-*60*" 150.
Vereščagin (J.), Milchkühlung auf Farmen 335.
Vereščagin (N. I.) s. Safrazbekjan (O. A.).
Vereščagin (V.) s. Verejutin (V.).
Vernescu (D.), Systematisierung d. Dörfer in Rumänien 646.
Vernon (F. A.), Erhöhte Melkstände. Methode zum Umbau herkömmlicher Anlagen 258.
Vestergaard (E. C.), Stallbaufragen für Milchkühe 657.
Vetter (E.), Ländliche Vorratswirtschaft in neuzeitlicher Sicht [1092].
Victor, Erläuterungen zu d. Typentafeln über Weinbergsseilwinden 935.
Victor (B.), Betrachtungen zum *32*. „Pariser Salon" 357.
Vidal (H.), Erfahrungen mit Hartschaumstoffen als Temperaturisolierung v. hydrologischen u. meteorologischen Meßinstrumenten 836.
Viebig (J.), Aufarbeitung u. Verwertung v. schwachem Laubholz 977.
Villepigue (A.) u. **Guillaumaud (J.)**, Markthalle d. nationalen Interessengemeinschaft in Agen 1370.
Villeroche (B. de) s. Truchetto (M. M.).
Vinogradov (G.), Bau ländlicher medizinischer Einrichtungen auf industrieller Grundlage 1181.
Vinogradov (V. I.), Neues Holzaufbereitungsverfahren für Nadelwaldgebiete 1323.
Virtue (B. T.), Erbe u. Zukunft d. Landtechniker 275.
Vitali (G.), Mechanisierte Olivenernte 735.
Vitězlav (Z.) s. Knop (J.).
Vitrenko (T.) s. Kotov (I.).
Vladimirov (A.) s. Jurov (V.).
— u. **Michajlov (L.)**, Experimentalbau im Sowchos „Pobeda" 1360.
Vladyčenko (G. P.) s. Bass (G. M.).
Vlasov (I. N.), Anbau-Schwadmäher „ŽBA-*3,5*" 562.
Vlasova (M.N .) s. Šrejder (M. N.).
Vodnyánszky (J.) s. Mákos (J.).
Vodnyánszky (R.), Mechanisierung d. Körnermaisernte in Ungarn 177.
Vodolaščenko (J. T.), Handbuch d. Wartung u. Instandhaltung d. Traktors „DT-*54* A" [865].
Vögeli (H.), Begriff d. Homogenität u. seine Bedeutung für d. Mischfutterherstellung 72.
Vogel (G.), Untersuchungen zum Anlagesystem d. Bodenheizung im Freiland durch Wasser mit niedriger Temperatur (25 °C bis 45 °C) 608. — Einfluß kurzzeitiger Überdeckung mit Folienzelten auf d. Ertragsleistung einiger Gemüsearten im Frühjahrs- u. Sommeranbau 955. — Anwendung v. Plastfolien im Gemüsebau sozialistischer Länder Europas (I) 1117. — Einsatz d. Technik zur Verbesserung d. Fruchtbarkeit d. Bodens 1286. — Anwendung v. Plast-

folien im Gemüsebau sozialistischer Länder Europas. II. 1293. — s. Baumann (E.).
Vogel (G.), Freudenberg (F.) u. **Pannier (F.),** Ergebnisse zur Freilandbodenheizung mit Abwärme im VEB Kraftwerk Zschornewitz 1300.
— u. **Heissner (A.),** Zur Frage d. Eignung unterschiedlich gealterter Polyäthylenfolie für d. Anbau v. Frühgemüse unter Folienzelten 944.
—, Lanckow (J.) u. **Heissner (A.),** Ergebnisse zur Innenverkleidung v. Gewächshäusern mit Plastfolie 1118.
Vogel (Gisbert), Automatisierte Fütterung — betriebs- u. arbeitswirtschaftlich gesehen 1097.
Vogel (W.) s. Blumenthal (R.).
Vogel (Wilhelm), Nachahmung eines Dieseleinspritzvorgangs auf einem elektronischen Analogrechner 842.
Vogelpohl (G.), Geringste zulässige Schmierschichtdicke u. Übergangsdrehzahl 1042.
Voginov (S.), Eine mechanisierte Schweinemastfarm für *2400* Tiere 1367.
Vogler (H.) s. Karrenberg (H.).
Vogt (C.), Maschinen für d. Futterernte 889.
Vogt (F.), Abferkelbucht mit eingebautem Sauenstand 821.
Vontobel (J.), Landwirtsch. Bauen im Lichte d. Wandlungen von Betriebsstruktur u. Produktionsprogramm d. schweizerischen Landwirtsch. 806.
Voigt (D.), Beurteilung d. Wasserverteilung bei Drehstrahlregnern 299. — Spezialanhänger für den Transport v. Schnellkupplungsrohren im Beregnungsbetrieb 299. — s. Schwarz (K.).
Volejnik (M.), Meliorationshandbuch [1077].
Volik (A.), Aussaat bei erhöhter Geschwindigkeit 424.
Volik (G. P.) u. **Demin (Ju. P.),** Ein kleiner Abferkelkäfig 1017.
Volkert (E.), Folgerungen für d. forstliche Transportwesen aus den gegenwärt. Entwicklungstendenzen d. Forstwirtsch. 376. — Extensivierung im Waldwegebau? 483. — Wegenetzplanung im Walde 1157.
Volkert (S.), Unfallverhütung durch ein Schlepperverdeck mit Überschlagschutz 1060.
Volkov (N.) s. Malachov (K.).
Volkov (S.) u. **Grigorenko (G.),** Aussaat von Futterbohnen mit Maislegemaschinen 554.
Volkov (S. P.), Ermittlung v. Betriebsdaten einer neuen Getreidedrillmaschine für Geschwindigkeiten über *9* km/h 1236.
Vol'man (V. G.) s. Kirpičnikov (O. B.).
Vološin (P. F.) u. **Macukevič (A. V.),** Mechanisierung d. Futtermischens u. -verteilens 71.
Voorburg (J. H.) s. Horsmans (G. A. A.).
Volquardts (H.), Feldmessen [5].
Vol'ter (V. G.), Elektromechan. Entmistungsanlagen 191.
Vornkahl (W.), Voraussage d. Bestandsentwicklung v. landwirtschaftlichen Maschinen mit Hilfe einer graphischen Methode 1040. — s. Segler (G.).
Vorob'ev (A.), Vorrichtung zur Winde 232.
Voronicyn (K. I.), Reserven d. holzaufbereitenden Industrie 789.
Voronin (M. I.), Gabovič (S. A.), u. **Zorin (S. P.),** Rückeschlepper Modell „TDT-75" 372. — Langholz-Beladeverfahren 373. — Schlepper d. Altai-Werkes 784.
Voronov (J. I.) s. Kočenenko (D. V.).
Voropaeva (V.) s. Birilov (O.).
Vorster (P. J. C.), Rolle d. Betriebsgebäude im landwirtsch. Produktionsprozeß 382.
Vos (H. W.) u. **Putten (B. U. van),** Arbeit in d. Schweinehaltung 184.
Votta (F. A.), Federn mit konstanter Federkraft für hohe Leistung bei kurzem Federweg 1042.
Voznyj (V. P.) s. Meškallo (V. M.).
Vulpe (I.) u. **Dobrescu (C.),** Einsatz d. Maschinen bei d. Getreideernte 175.
Vvedenskij (A. A.), Untersuchung des Wärmedurchganges im Ölkühler d. luftgekühlten Dieselmotors 532. — Der Wärmezustand d. Öls in luftgekühlten Dieselmotoren 841.
Vyplel (K.), Sprengtechnik beim forstlichen Wegebau 632. — Zur Rationalisierung d. Holzbringung 1145.
Vyškind (F.), Planung d. Sowchosen in d. Hungersteppe 654.
Vysockij (A. A.), Modernisierter hy-

draul. Zugkraftschreiber VISCHOM 141.
Vysockij (P.), Gleichzeitige Einbringung v. Stallung u. Mineraldünger 713.
Vzorov (B. A.) u. **Adamovič (A. V.),** Untersuchung d. Temperaturverteilung am Kolben d. Motors „SMD-*14*“ 407.

Wacker (E.), Europäische Rübenerntemaschinen stellten sich vor 56. —Strohschneide- oder Strohteppichverfahren 727. — Mechanische Stallentmistungsanlage „Lesiak“ 922. — Rückschau auf d. Herbsmessen in Wels u. Wien 996. — Schubstangenentmister — Technische Daten u. Richtpreise (Stand: Anfang *1963*) 1099.
Wacker (H.) u. **Kretzschmar (G.),** Konservierung v. Futterkartoffeln 1091.
Wackernell (N.), Zehn Jahre Erfahrungen mit Frostschutz 782.
Wälzholz (G.) u. **Lang (R.),** Bericht über d. technische Begutachtung d. Kühleinrichtung „Milchprämie“ System Lübbert, zur Kühlung v. Milch auf d. Bauernhof 1279.
Wagenleitner (G.), Motorisches Setzen v. Schwedenreuterpfählen 723.
Waggershauer (O.) s. Andreae (B.).
Wagner (F.), Reihenzieher für landwirtsch. Feldversuche 715. — s. Hübner (R.).
Wagner (Franz), Pferdestall wurde Schweinestall 1365.
Walbersdorf (W.), Schraubenschlüssel mit hydraulischer Drehmoment-Begrenzung 527.
Walek, Rationeller Einsatz v. Motorsäge beim Einschnitt schwacher Sortimente 791.
Walis (I. G.), Bewegl. Gewächshäuser 88.
Walker (P. T.), Verteilung v. Granulaten durch handelsübliches handbetriebenes Stäubegerät u. ihr Verbleiben auf den Maispflanzen 380.
Walker (S.), Arten u. Verwendungsmöglichkeiten v. auf d. Oberfläche aufgeklebten Schutzüberzügen aus festen Schmiermitteln 1043.
Wallner (E.), Holz im Landwirtschaftsbau 248.
Walter (F.), Druckspeicherschäden u. ihre Verhütung 1104.
Walter (M.), Stromversorgung durch kleine Windkraftwerke 838.
Walther (J. A.), Ist d. Landtechnik national? 401.
Waltz (W.), Planung u. Ausführung v. Molkereibauten 502.
Wamser (K.), Was bringt die Musterbauordnung? 496. — s. Meimberg (P.).
Wander (J. F.), Anbindevorrichtungen für Kurzstände u. ihr Einfluß auf d. Verhalten v. Mastrindern 126. — Zur Frage d. Buchtenabmessungen in Mastschweineställen 1018. — Betriebsnotwendige Bauvolumen d. Wirtschaftsgebäude bäuerlicher Familienbetriebe 1183. — s. Köstlin (A.).
Wang (Kuang-ch'ao) u. **Umanskij (A. A.),** Elektr. Modellverfahren zur Untersuchung d. Schwingungsvorgänge an Fahrgestellaufhängungen 374.
Wangerin (A.), Saatverfahren im Zuckerrübenanbau 295. — Beregung 874. —Allzweck- oder Zweckwagen? 1064.
Wanka (H.), Neuere Entwürfe für Milchviehställe 510.
Warboys (I. B.), Entwicklung d. Mechanisierung u. mechanischen Förderns auf d. Farm. *3.* Mitt. Mechanisches Fördern auf Bergfarmen 274. — s. Ellison (W.).
Ward (A. L.) u. **Hansen (R. M.),** Bekämpfung v. Erdeichhörnchen mit einem Gangzieher in Forstpflanzgärten u. Pflanzungen 234.
Warner (M. G. R.), Zustand v. Freiluft-Lagersilos nach zehnjähriger Betriebszeit 1261.
— u. **Browne (D. A.),** Trocknung v. Weizen *2* Fuß tief in einem Behälter v. *50* Fuß^2 Fläche 741.
Waschkeit (R.), Technische Grünfuttertrocknung — Anwendung d. wissenschaftlich-technischen Fortschritts 574.
Waskowski (S.), Traktoreneinsatz bei höheren Arbeitsgeschwindigkeiten 845.
Wasner (Ch.), Küche mit Pfiff 925.
Watt (M. J.), Vorratsschutz mit Malathion 1343.

Waxenegger (I.), Untersuchungen über d. Häckseldruschverfahren [51]. – Landmaschinenprüfung in europäischer Sicht 526. – s. Maxa (R.); Scheruga (F.).

Wayman (J. A.) u. **Marchant (W. T. B.),** Eine rübenreinigende Gabel für Schlepper-Frontlader 903.

Weber (A.), Methoden d. Lawinenverbauung in d. Pyrenäen 236. – Forstliches System d. Wildbach- u. Lawinenverbauung in Österreich 990.

Weber (H.) u. **Kosinetz (M. F.),** Einsatzmöglichkeiten v. selbstfahrenden Geräteträgern in d. Landwirtschaft d. Ukrainischen SSR 1215.

Weber (J. A.) s. Leach (E. F.).

Weber (K.), Losetransport d. Futterwaren 72.

Webster (A. B.), Bodenbedeckung mit schwarzer Polyäthylenfolie bei d. Produtkion v. Gemüse 604.

Webster (D. H.) u. **Leefe (J. S.),** Ein Kleinparzellen-Spritzgerät mit auswechselbarem Behälter 1164.

Wecke (B.), Gemeindehaus in Kosta 122.

Wege (R.), Erfahrungen mit dem W.-P.-Silo-Verschluß 62.

Wegelius (Th.), Rationalisierung d. Holznutzung u. -bringung insbes. in Finnland 957.

Wegenaar (C.) u. **Groen (J.),** Hackfräse – einfache Bedienung 1289.

Wegenaar (C.) u. **Snel (N.),** Motorrasenmäher 605.

Wegner (H.), Erfahrungen mit d. Einsatz d. Grabenpfluges „B *700*" für Dränarbeiten 1232.

Wegner (R.-M.), Moderne Fütterung d. Junghennen 332.

Wehowsky (G.) u. **Dölling (M.),** Nutzung v. Altbauten als Milchviehställe 660/1.

Weidemann (K.), Forstschutzzäune mit hohem wirtsch. Nutzen einsetzen 801.

Weiland (G.) u. **Thöns (H.),** Intensive Weidewirtschaft in rindviehstarken Großbetrieben. *12.* Mitt. Grundkonzeption für Weidezentralen mit Rohr- u. Kannenmelkanlage 441.

Weinbrenner (E.) s. Stoeckhert (K.).

Weingartner (H.), Frischluftstall für alpenländ. Betriebe 254.

Weinhandl (H.), Farbanstrich v. Landmaschinen 684.

Weinmann (E.), Rübenerntemaschinen 55. – Stand d. Technik in d. Zuckerrübenernte 435.

Weinmeister (B.) s. Frohner (W.).

Weiss (A. v.), Allg. Elektrotechnik [14].

Weiss (H.), Verwendung v. Tretschuhen zur Kulturpflege 969.

Weißbrodt (F.) s. Seidel (E.).

Weissmann (H.), Bildbericht von d. Schweiz. HNL-Brutzentrale in Isikon bei Hittnau ZH 1096.

Weleczka, Kunststoffrohre zur Warmwasserbeheizung d. Bodens 946.

Weleczka (J.), Frostwarngeräte 614. – Elektrizität im Gartenbau 1284. – Bodenbeheizungen mit Kunststoffrohren 1298.

Weller (J. B.), Melkstandplanung 1014. – Ausbildung d. Fußbodens im Melkstand 1014.

Wellinger (K.), Uetz (H.) u. **Breckel (H.),** Verschleiß an Zylinderlaufbüchsen aus Schleuderguß 285.

Wellner (D.) s. Berger (M.).

Wells (D. A.) u. **Soffe (R.),** Methode zur automat. Bewässerung v. Topfpflanzen auf Stellagen 609.

Welschof (G.), Messung d. Ausflußmengen körniger Güter mit Blenden u. Düsen 282. – Pneumatische Förderung bei großen Fördergutkonzentrationen [837]. – Pneumatische Förderung bei großen Fördergutkonzentrationen [1226]*.

Welsh (G.), Regelung bei Fußbodenheizung 594.

Wencl (J.), Arbeitstechn. Untersuchungen bei der Einmannarbeit im Fichtenhauungsbetrieb [102].

Wenger (A.) s. Cormany (E. M.).

Wenk (G.), Zur Bedeutung leistungsfähiger programmgesteuerter Rechenlocher für d. Forstwirtschaft 1316.

Wennemuth (G.) s. Haas (P. G.).

Wenner (H. L.), Vereinfachte Ernte d. Futterrüben 731. – s. Hess (H.); Süß (A.).

– u. **Schulz (H.),** Frontladereinsatz in d. Innenwirtsch. 319. – Frontladereinsatz in d. Innenwirtsch. u. Bauplanung 659. – Laden mit d. Front-

lader 698. — Frontlader u. sein Einsatz 1222.
Wepfer (K.), Der Heuschwanz, d. Selbstlader d. arrondierten Klein- u. Hangbetriebes 1246.
Werbun (H.) s. Kasdorff (K.).
Werminghausen (B.), Gewächshäuser aus Kunststoff? 462. — Welche Verwendungsmöglichkeiten gibt es heute f. Kunststoffe in Landwirtschaft, Garten- u. Weinbau [525]. — Neue Wege im Gewächshausbau 1118.
Werner (G.) s. Lüdemann (H.).
Wertheimer (A.), Erfahrungen mit d. Klimatisierung d. Abferkelställe 389.
Wertheimer (J.), Temperaturprobleme d. Fußböden in Abferkelställen u. ihre Beziehungen zum Mikroklima d. Ställe 1016.
Wesche (F.) u. **Naumann (H.-J.),** Fahrbare Mischanlage mit Zusatzgerät 385.
Weseth (G.), Ziel u. Mittel d. Mechanisierung in d. norweg. Landwirtsch. 112.
West (W. J.), The „Yard and parlour" system in milk production in the United Kingdom [193].
Westendorp (Tj.), Trocknungsgeschwindigkeit v. Grüngut 558. — Einfluß d. Wendens bei d. Heugewinnung 1244.
Westra (P.), Arbeitszeitverkürzung in d. Tierhaltung. *2.* Mitt. Betriebswirtschaftliche Folgen 579. — Arbeitszeitverkürzung in d. Tierhaltung. *3.* Mitt. Melkintervallprobleme 579.
— u. **Postma (G.),** Arbeitszeitverkürzung in d. Tierhaltung 753.
Wetterau (H.) s. Holzschuh (W.).
White (G. M.) u. **Isaacs (G. W.),** Kühlung v. Ställen durch Sonnenenergie 387.
White (H. A.), Studie über d. Leitung einer Geflügelfarm 581.
Whiting (A. D. G.) s. Rudd (H. A.).
Whiting (F. L.) s. Shadbolt (C. A.).
Whittlestone (W.), Plastik für Melkmaschinen 588.
Whittlestone (W. G.), Maschinelles Melken u. Mastitis. *1.* Mitt. Ein neues Verfahren zur Bestimmung d. Güte einer Melkmaschine 588. — Elektronisches Pulsatorsystem für Versuchszwecke 589. — Erhöhung d. Leistungsfähigkeit d. Melkmaschine 754.
— u. **Lascelles (A. K.),** Säuerungsprozeß in d. Milch u. seine Förderung durch d. Melkmaschine 923.
— u. **Scott (I. W.),** Beschleunigte Zirkulationsspülung für Melkmaschinen 77.
Wichers (H. E.) s. Matson (W. E.).
Wickert (G.), Allgemeine Entwicklung im Wasserbau 703.
Wickström (R.) s. Söderlund (A.).
— u. **Helmers (U.),** Vergleich verschied. Zangentypen für d. Rücken mit Pferdezug 626.
Wiechner (R.), Einmann-Arbeit bei d. Futterwerbung im Bergbauernbetrieb 889.
Wiederhold (H.), Wirtschaftl. Überlegungen beim Bauen 115.
Wiedmer (F.), Versuch einer Rentabilitäts-Berechnung eines Wegnetzes, dargestellt anhand eines konkreten Beispiels [121].
Wieja s. Lammert.
Wieja (K.), Versuchsbau. Gewächshausanlage in Montagebauweise 352. — Gewächshauswirtsch. mit Gewächshausanlagen von *1,2* ha bebauter Grundfläche 352. — Komplexplanung v. Gewächshauswirtschaften mit Gewächshausanlagen v. *0,6* und *1,2* ha bebauter Grundfläche 771. — Weiterentwicklung v. Flachsilos in Plattenbauweise 824. — Bau v. Tabak-Heißlufttrocknungsanlagen 824. — Großräumige Gewächshausanlagen in Montagebauweise 1119.
Wieringa (G. W.) s. Schukking (S.).
— u. **Haan (S. de),** Inkuilen [317].
Wiersema (G. P.), Methode zur Bestimmung d. mischenden Wirkung v. Bodenbearbeitungsgeräten 85. — Vergleich d. Mischungseffektes v. Kopf- u. Hakenfräse 936.
Wiethaup (H.), Lärmbekämpfung in d. Bundesrepublik Deutschland [5].
Wijk (A. van), Geräte für d. Räumen v. Gräben 704.
Wijnands (M.), Rohrmatten, Plastik und d. Klima in Schweineställen 1016.

Wilke (F.), Säureschutz in Molkereien 504.
Wilke (H.), Praktische Gesichtspunkte bei d. Verwendung von Lufterhitzern 451.
Wilking (E.), Transportfluß u. Arbeitsplatzgestaltung bei gemeinsamer Obstaufbereitung 777. – Zuordnung v. Obstsortiermaschine u. Paletten auf d. Transport abgestimmt 778. – Rationelle Einrichtung v. Aufbereitungs- u. Lagerhäusern für Obst u. Gemüse 1308. – Obstaufbereitung in Südtirol 1308.
Willet (J. R.), Drainage im Obstbau 936.
Williams (P.D.L.), Mikrowellenherde; ökonomischer Nutzen, Brauchbarkeit u. Grundbedarf 1281.
Willmes (J.), Kunststoffe in d. Trinkwasserversorgung 122.
Wilson (A. R.), Twiss (P. T. G.) u. **Lessells (W. J.),** Gewichtsverlust u. Keimung lose gelagerter Spätkartoffeln in England 744.
Wilson (F.), Bei Schlauchspritzen – Hochdruck gegen Nebelbildung 1162.
Wilson (W. E.), Errechnung d. optimalen Wirkungsgrades hydrostatischer Getriebe 1057.
Wilton (B.) s. Palmer (J.).
Wimbush (S. H.), Bericht über d. zentrale Forstbaumschule Bukuru in Nord-Nigeria 963.
Winkler (A. J.), Kostensenkung im Weinbau 457.
Winkler (F.), Einfluß d. Haspel auf den Mähvorgang 311.
Winkler (O.), Meßtechnik bei Energie- u. Stoffumwandlungsprozessen 835.
Winner (Chr.), Notwendige Überlegungen beim Bau eines Bandspritzaggregates 109.
Winnig (E.), Automatisierte Funktionskontrolle auch in d. Landtechnik? 1074.
Winter (R.), Grundlagen u. Erfahrungen über d. Einsatz v. Zentralrohrsilos zur Körnertrocknung 576.
Wirth (A.), Einfügung d. Erwerbsobstbaues in den bäuerl. Betrieb unter bes. Berücksichtigung d. Arbeitswirtsch. [84]. – Pflückkörbe, einmal anders! 90. – Zur Verwendung d. Tiefgangwagens 935. – Arbeitsbedarf in Spindelbuschanlagen 1109.
Wirth (H.), Superphosphat beeinflußt Stallklima u. Stallhygiene 263.
Wise (J.), Wechselbeziehungen zwischen Baukosten u. Betriebskosten bei Schweineställen 1020.
Wisnikow (E.), Neue Wege im Holzrücken 229.
Wissemeier (H.), Chemie hilft Geschirr spülen. Chemische Vorgänge bei d. automatischen Geschirr-Reinigung 1105.
Wißkirchen (P.), Düngung d. Obstbäume 767. – Bodenbearbeitung vor d. Pflanzung v. Obstbäumen 767.
Witte (K.), Ergänzung d. Bodenfeuchte in Gewächshäusern durch Tropfenbewässerung 1121. – Frostschadenverhütung in nicht heizbaren Frühbeeten durch Beregnung d. äußeren Grasflächen 1131. – Künstliche Beregnung im Garten-, Obst- u. Weinbau 1288. – Frostschutz im Garten-, Obst-, Gemüse- u. Weinbau 1315.
Wittmann (A.), Wirkungsunterschiede zwischen Ring- u. Scheibenwalzenpressen 328.
Wobornik (F.) u. **Sieg (W.),** Eine Methode zur operativen Einsatzplanung v. Maschinen u. Geräten in d. Forstwirtschaft 1133.
Wodarz (S.), Zum Thema: Einband als Schälschutz 988.
Woeste (H. D.), Von d. alten Stapelmistkette zur modernen Schwemmentmistung 332.
Wohlfahrth (E.), Hygienische Probleme d. Großgruppenhaltung d. Schweine 440.
Wohlfeil (G.) s. Schalt (W.).
Wohllebe (H.), Über d. Durchführung periodischer Überprüfungen an Traktoren 1212.
Wohlmuth (N.), Schach d. Bodenverseuchung 955.
Wolf (E.), Entwicklungstendenzen bei neuzeitlichen Küchengeräten 1280.
Wolf (J. de), Bewässerung in Californien 1069.
Wolf (X. A.) s. Nitzsche (R.).
Wolfart (A.), Der neuzeitliche Bauernhof u. seine technischen Einrichtungen [1038].
Wolfenter (H.), Fliese im Molkereibau 504.

Wood, Chemische Entrindung im Walde 978.
Wood (G. M.) s. Pascal (J. A.).
Woodruff (N. P.) s. Lyles (L.).
Wooten (O. B.) u. **McWhorter (C. G.),** Ein Gerät zur Einbringung v. Herbiziden in d. Boden 1164.
Woratz, Strahlenkonservierung v. Lebensmitteln 598.
Worf (M.), Erfahrungen mit d. planmäßigen Instandsetzung v. Räum- u. Sammelpressen in d. MTS Herold 1245.
Wright (F. N.) u. **Southgate (B. J.),** Der mögliche Einsatz v. Plastmaterialien bei d. Lagerhaltung unter besonderer Berücksichtigung d. Landwirtschaft Afrikas 740.
Wright (P.), Old farm tractors [287].
Wright (S. J.), Geräte- u. Maschinenpark v. Farmen 637.
Wroblewski (J.), Ekonomika prac maszynowych [835].
Wünsche (J.), Möglichkeiten d. Rationalisierung u. Mechanisierung bei d. Kernobsternte 208.
Würstlin (F.) s. Stoeckhert (K.).
Wüsteney (G.) s. Ruppert (K.).
Wurster (G.), Betrachtungen zum Entwicklungsgang d. Waschmaschinen für d. Haushalt 931.

Yabuki (K.) u. **Imazu (T.),** Untersuchungen über d. Temperaturkontrolle im Gewächshaus. *1.* Mitt. Über Temperatur- u. Wärmebilanz eines leeren, ungelüfteten Gewächshauses 943.
Yates (W.) s. Akesson (N.).
— u. **Akesson (N.),** Neue Gedanken dargestellt auf einer Forschungs-Konferenz in Kalifornien 1160.
Yatsu (L.) s. Smock (R. M.).
Yokoi (M.), Neuer luftgekühlter Yanmar-Dieselmotor Typ „*2 A 6*" 1210.
Young (H. G.) s. Hamann (D. D.).
Young (R. A.) s. Hermsmeier (L. F.).
Yung (F. D.) s. Larsen (L. F.).

Zabava (V.), Sibirische Karusselmelkanlage 755.
Zabel (E.), Zusatzgießaggregat zur Pflanzmaschine 460.
Zabelin (V.) s. Samojlov (I.).
Zablockij (V. P.) u. **Rapota (E. P.),** Exp. Bestimmung d. reduzierten Trägheitsmomentes v. Traktorentriebwerken 22.
Zacharias (R.), Eignung tischfertiger Speisen für d. Gefrierkonservierung. *2.* Mitt. Gefrieren v. Gemüsegerichten 597.
Zacharov (N. G.), Wirksamkeit techn. Verfahren d. Frühbeetheizung beim Frühgemüseanbau 774.
Zacharov (P. S.) s. Sljusarev (M. G.).
Zacharov (T. Z.) s. Berezin (V. P.).
Zacharovic (M.), Ökonomik d. landwirtschaftlichen Bauwesens [1349].
Zagorskij (I. M.) u. **Kučin (S. P.),** Der Aerosol-Generator „APG-*1*" 986.
Zagulov (Ž.), Die Selbstkosten d. Kraftwagenlasttransporte u. Wege zu ihrer Senkung [1065].
Zahara (M.) s. MacGillivray (J. H.).
Zaidman (J. D.), Erdräumgeräte für Meliorationsarbeiten 421.
Zaikin (V. P.), Tjunin (V. P.) u. **Smechov (S. N.),** Messerkopf für Benzinsäge „Družba" 792.
Zajcev (A. I.) s. Beskin (L. I.).
Zajcev (V.) s. Ryžov (A.).
Zajčik (M. I.), Systematik d. Holzaufbereitungsmaschinen 473.
Zajkov (A.), Vollmechanisierung d. Paprika- u. Kohlpflege 460.
Zaluga (P. A.) s. Bačurin (N. E.).
Zamjatin (G. V.) u. **Sergeev (M. P.),** Einfluß d. Lage d. unteren Lenker d. Anbauvorrichtung auf d. Zugwiderstand d. Kultivators Typ „KRN-*4,2*" 540.
Zander (R. I.), Auf d. Suche nach Reserven 472.
Zanker (K.), Wirtschaftswegebau; staatlich gefördert 391.
Zaprjagaev (M. M.), Anwendungsmöglichkeit v. elektromagnet. Baugruppen im Getriebe v. Kettentraktoren 22.
Zarkov (V. P.) s. Durov (V. K.).
Zarova (K. A.), Technik d. Furchenbewässerung auf stark geneigten Flächen d. Tschu-Tales 301.
Záruba (J.), Transporte zu d. Lagerräumen d. Landwirtschaftsbetriebe 545. — s. Kalina (J.); Novák (M.).
Zaunmüller (G.), Einsatzverhalten v. Schleppern mit verschied. Laufwerken 288. — Versuche zur Verbesserung v. landwirtsch. Wegen in d. DDR 647. — Versuche zur Befesti-

gung bzw. Neuanlage v. landwirtschaftl. Wegen 1356. – s. Bischof (A.).
Zausch (M.) s. Hutschenreuther (G.).
Zav̌jalov (M.), Selbstbeladen v. Langholztransportern 480.
Zav̌jalova (A. A.) s. Meleško (I. I.).
Zavodnov (S. S.) u. **Morozov (V. K.),** Problem d. automat. Untergrundbewässerung 299.
Ždanov (V.) u. **Petrov (V.),** Flüssiggas im Dienste d. Landwirtschaft 913.
Ždanovskij (N. S.), Über d. Belastung d. als Bremsfahrzeug bei d. Zugkraftermittlungen gezogenen Traktoren 534.
Žedun (D. S.) s. Bačurin (N. E.).
Zeeuw (D. de) s. Langerak (D. I.).
Žegalov (I. S.) s. Žuk (Ja. M.).
Zehetner (L.), Kartoffeln lagern u. belüften 908.
Zejlikman (Ch. N.), Gebläse-Sprühgerät „Zarja" 636.
Zel'cerman (I. M.), Stabilität u. Betriebssicherheit v. Landmaschinen 836.
– u. **Kontorer (A. M.),** Energet. Kennziffern d. Kartoffelvollerntemaschine „KGP-2" 55.
Zelenka (J.) s. Bartoš (J.).
Zelený (A.) u. **Kozák (J.),** Symposium über physiolog., hygien. u. ökonom. Fragen d. Arbeit mit Motorsägen 224.
–, **Kozák (J.)** u. **Kříž (M.),** Körperlicher Energieverbrauch bei d. Arbeit mit Motorsägen 370.
Želtov (E.) s. Berezin (V.); Caregradskij (J.).
Zeman (J.), Theoret. u. hygien. Grundlagen d. Heizung (Klimatisierung) d. Ställe 250.
Zentsch (W.), Wassergehaltsbestimmung v. Saatgut d. Weißtanne 621.
Zetterberg (H.) s. Aniansson (G.).
Ziche (J.), Royal Show – ein britisches Schaufenster für Landmaschinen 997.
Zier (L.), Werkzeugkunde für d. Waldarbeit [95]. – Wir schärfen eine Hobelzahnsäge 101.
Zieschang (R.) s. Schröder (W.).
Zihlmann (F.), Sammelpressen zum Futterladen 46. – Mechan. Ladeverfahren bei Dürr- u. Grünfutterernte 308. – Verfahrens- u. Kostenvergl. bei d. Ladeverfahren für Dürr- u. Grünfutter 308. – Welches Ladeverfahren ist am wirtschaftlichsten? 428. – Schließen v. Arbeitsketten 1093. – Normung d. Anbindestalles 1363.
Žil'cov (E. K.), Warum versagt d. halbautomat. Fertigungsstraße? 1326.
Zillbauer (J.), Futtererntemaschinen auf d. DLG-Ausstellung 718. – Wagen d. Feldhäckselbetriebes 1064. – 24 Betriebe berichten über d. Fahr-Kreiselheuer 1244. – s. Barucha (M.-O.).
Zima (I. M.) u. **Kurilo (V. S.),** Erfahrungen bei d. Stehendrodung v. Bäumen im Lehrforstbetrieb Bojarsk 471.
Zimmer (E.), Umsturz im Weltbild d. Physik [5]. – Verschied. Siloformen 267.
Zimmermann (G.), Eignet sich d. Korsnäs-System für unsere Forstwirtschaft 1139.
Zinov̌ev (J.), Kartoffellegen mit Einbringen v. Dünger 167.
Zissler (K.), Verwendung v. Altöl zur Kettenschmierung beim Motorsägebetrieb 226.
Životkov (A. N.) s. Molčanov (A. L.).
Zjulikov (G. M.), Bedingungen für d. Verschlammen d. Rohrleitungen bei Bewässerungssystemen 420.
Zmanovskij (V. A.) u. **Buchtijarov (I. D.),** Arbeitsbedingungen d. Traktoristen auf d. Schnellschlepper „T-75" 847.
Zmijewski (B.), Arbeitsschutz u. Arbeitshyg. in d. Landwirtsch. [686].
Žoga (V. V.), Neue Projekte d. Ukrainischen Inst. 190. – Vorratsbunker für d. Beschickung v. Futterverteilern – Futterverteiler für d. Käfighaltung v. Hühner- u. Entenküken 919. – Gitter- u. Lattenroste für Geflügelställe 1197.
Zohorský (J.) s. Strelka (F.).
Zoller (A.), Neue Bewässerungsaggregate 1232.
Zombori (J.), Bedeutung, Möglichkeiten u. Probleme d. Allradantriebs 697.
Zoni (A.) s. Prati (M.).
Zorin (S. P.) s. Voronin (M. I.).
Zschaage (F.), Gerät zur Registrierung d. Scherkraft an Bodenproben 837.

Zschuppe (H.), Großflächentellerdüngerstreuer, Typ „D *385*“, VEB Landmaschinenbau, Barth; Prüfbericht Potsdam-Bornim 714.

Zubareva (T. V.) s. Nikolodyšev (I. S.).

Zucchi (G.), Tagung in Forli über d. Einsatz v. Flugzeugen in d. Landwirtschaft 866.

Zucker (A.), Alper (Y.), Swirski (E.), Gothilf (S.) u. **Kehat (M.)**, Versuche mit Sprühgeräten in tragfähigen Citrus-Plantagen 1343.

Žuk (Ja. M.), Anwendung großer Arbeitsbreiten bei d. Getreideernte 723.

Žuk (Ja. M.) u. **Žegalov (I. S.)**, Vollmechanisierung v. Erntearbeiten 1082.

Zumbach (W.), Probleme beim Mähdrusch 312. — Untersuchung über d. Eignung verschied. Sämaschinen u. Einzelkornsäapparate für d. Aussaat v. Monogerm-Zuckerrübensamen 887. — Royal Smithfield Show *1962* mit d. Landmaschinen-Ausstellung, London vom *3.* bis 7. Dezember *1962* 1166.

Žuravlev (B. I.), Untersuchung d. pneumat. Drillvorrichtung 423.

Zurmühl (R.), Prakt. Mathematik für Ingenieure u. Physiker [5].

Herausgeber: Deutsche Demokratische Republik · Deutsche Akademie der Landwirtschaftswissenschaften zu Berlin, Institut für Landwirtschaftliche Information und Dokumentation, Berlin W 8, Krausenstraße 38/39; Fernsprecher: 22 51 61. Chefredakteur: Dr. Werner Kleeberg, Berlin W 8, Krausenstraße 38/39; Fernsprecher: 22 51 61. Redaktion der Abteilung I — Landtechnik: Dr. Joachim Güssefeldt. Verlag: Akademie-Verlag GmbH, Berlin W 8, Leipziger Straße 3–4; Fernsprecher 22 04 41, Telex-Nr. 011 773, Postscheckkonto Berlin 350 21. Bestellnummer dieses Heftes: 1030 I—AR 63. Das Landwirtschaftliche Zentralblatt, Abt. Landtechnik, erscheint jährlich in 9 Heften. Einzelheft MDN 20,—; einseitig bedruckte Ausgabe MDN 24,—. Jahresbezugspreis MDN 180,—; einseitig bedruckte Ausgabe MDN 216,— einschließl. Autoren- und Sachregister, zuzüglich Porto- und Versandkosten. Gesamtherstellung: VEB Druckhaus „Maxim Gorki“, Altenburg. Veröffentlicht unter der Lizenznummer 1289 des Presseamtes beim Vorsitzenden des Ministerrates der Deutschen Demokratischen Republik

32402

FSC
www.fsc.org
MIX
Papier | Fördert gute Waldnutzung
FSC® C083411

Zeitfracht Medien GmbH
Ferdinand-Jühlke-Straße 7
99095 Erfurt, Deutschland
produktsicherheit@kolibri360.de